指尖风尚

国际美甲大师专业造型指导

[英]Helena Biggs 编著

马雁翔 译

U0288164

人民邮电出版社

北 京

图书在版编目（ＣＩＰ）数据

指尖风尚：国际美甲大师专业造型指导 ／（英）比
格斯（Biggs, H.）编著；马雁翔译. -- 北京：人民邮
电出版社，2015.5
　　ISBN 978-7-115-38810-0

　　Ⅰ．①指… Ⅱ．①比… ②马… Ⅲ．①指（趾）甲—
化妆—基本知识 Ⅳ．①TS974.1

　　中国版本图书馆CIP数据核字(2015)第054835号

版权声明

◆ 编　　著　［英］Helena Biggs
　　译　　　　马雁翔
　　责任编辑　李天骄
　　责任印制　周昇亮

◆ 人民邮电出版社出版发行　　北京市丰台区成寿寺路 11 号
　　邮编　100164　　电子邮件　315@ptpress.com.cn
　　网址　http://www.ptpress.com.cn
　　北京利丰雅高长城印刷有限公司印刷

◆ 开本：889×1194　1/16
　　印张：8　　　　　　　　　2015 年 5 月第 1 版
　　字数：199 千字　　　　　 2015 年 5 月北京第 1 次印刷
　　著作权合同登记号　　图字：01-2014-7969 号

定价：69.00 元
读者服务热线：(010)81055296　印装质量热线：(010)81055316
反盗版热线：(010)81055315
广告经营许可证：京崇工商广字第 0021 号

内容提要

如果说着装与发型能改变一个人的气质与形象，那么美甲则是这华美外衣上的点睛之笔，小小的指尖能够包罗万象，可以表达心情，引领时尚，宣扬个性，抒发情感，讲述故事。无论你是谁，都能通过指尖表达自己。

本书由第一美甲杂志 Scratch 资深编辑 Helena Biggs 通过多年的工作积累编写而成。书中不仅介绍了美甲的发展历史与入门指南，还提供了由 17 位世界级美甲大师精心设计的大量甲妆造型。在分享造型独家小技巧的同时，美甲师们还对许多经典造型亲身示范，展示详细的操作步骤。书中通过美甲基础知识、色彩搭配、涂鸦美甲、秀场美甲、极致创意等多个章节，为读者带来了一场专注于美甲造型的创意灵感分享盛宴。

本书适合美甲爱好者、美甲师和造型师等人阅读。

前言

　　"款式与风格"往往是与当前的潮流趋势密不可分的。然而，生活中，每个人的风格却又受到多方面因素的影响。为此，我们必须认识到，每个人的外在风格，例如言谈举止与穿着打扮（包括发型的装扮与指甲的修饰），往往是表达内心想法、个人偏好与态度的一大方面。个人的品位喜好、生活方式乃至身处的环境，都能够体现我们的个人风格。而个人风格是一个人表达自我与个性的重要形式，是传达个人品位与内心想法的一大标志。

　　人类社会掀起美甲风尚距今已有5000余年的历史。起初，古埃及人采用指甲花染料装饰指甲，以显示自己的社会地位与身份。此后，美甲逐步发展为一种展现个性与自我的艺术。尽管在20世纪20年代，可以用于装饰指甲的甲油颜色仅限于红色与裸色，但在那时，甲油的涂抹已成为塑造优雅与富贵形象的一大标志。随后，各式甲油的大量生产，为人们通过不同种类的颜色、形状设计与纹理质感来表达自我提供了更多的可能。

　　开始，人们往往基于自己的个人偏好或者与整体装束的搭配程度来选择甲油。20世纪60年代，潮流先锋开始追随指尖上的艺术魅力与花样设计。到20世纪70年代，尖形延长甲片指甲开始成为富贵的象征。而在20世纪80年代与90年代，专业的美甲服务日渐流行，同时，越来越多的水状或粉末状美甲材料随即出现，推动了美甲行业的革新，也愈加激发了人们根据自身偏好与实用性来设计甲形与雕琢花式的热情。伴随着嘻哈文化的风靡，音乐界的艺术爱好者们开始期望通过闪耀诱惑的漆光亮面甲油来彰显个性与展现自我。由此，人们在美甲设计方面的创新水平达到新高。

　　随着社会大众对美甲艺术的接受程度逐渐增高，出现在美甲沙龙与街头时尚商店里的美甲产品也愈加琳琅满目，这为人们彰显个性与表达自我提供了更多充满奇思妙想的可能。各式美甲贴纸与贴花日益纷繁多样，让消费者能够变换更多的风格来迎合自己不同的心境，或者在美甲时尝试加入自己崇尚的元素。生活中，无须言语，一个人仅凭其外在装扮风格，就能够有力地传达其个性与想法。而手艺纯熟的美甲师，通过专业美甲产品以及比贴花等更显奢华、乖张的雕花艺术，更能提升指尖艺术的表现力。

　　时尚设计师深知，为传达时装发布秀背后的灵感与创意，需要综合考量秀场模特外形装扮中从发型设计到指尖艺术的各个方面，使其协调、统一，从而增强并突出其整体视觉效果。高级时装可以说是影响美甲款式与风格的最重要因素之一，以其为灵感，甲妆的款型更加纷繁多样，仿佛有无限种可能。专业美甲师只要具备足够娴熟的手法与充分的想象力，便能制作出几乎任何一种风格的精致甲妆。

目录

准备事项

在美甲之前，对指（趾）甲做好充足的准备护理工作是至关重要的，这有助于使指甲的样式设计更加持久、耐磨，同时，也能使甲面更加平滑、匀称。

1. 将指甲修剪出特定的形状

2. 用死皮推刀清理指甲外皮

重要贴士

如果不便在自己的自然甲上设计甲妆，可以先在可粘贴的假甲片上进行美甲，待其干燥之后，再将其粘贴在自然甲上。

形状与风格

指甲的形状往往能够突出一个人的个性与风格。椭圆形的指甲往往能够使手指更显纤细、修长、优雅，透露出更多的女性气质；而尖形指甲，通常能够展现一个人大胆而狂野的特点，比较适合于个性张扬、追求前卫的人群。

然而，指甲的形状往往会受个人的实际需要、生活方式及年龄阶段的影响。比如，学校的规章制度往往要求在校学生只能修剪较短的方形指甲，体育竞技规则往往要求其参与者留蓄较短的方形指甲。同样的，某些特定职业，特别是食品或者医疗卫生行业，也要求从业者保持干净、整洁的短指甲。这些行业内的特殊规则往往决定了从业者特定的指甲风格，即应该选择不涂任何甲油的尽可能短的指甲。

美甲工具推荐：
- 底油
- 抛光块
- 化妆棉、酒精棉
- 死皮推刀
- 消毒洗手液
- 指甲锉
- 洗甲水
- 擦手纸

3. 采用抛光块对指甲面进行轻轻抛光，使其保持平滑、匀称

4. 在甲面上涂抹一层薄薄的底油，并使涂抹区域与指甲的边缘保持1mm的间距，等待底油变干

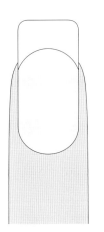

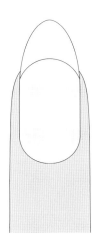

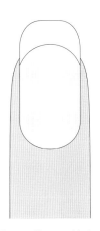

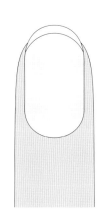

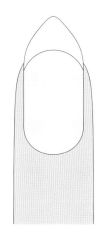

方形指甲：较适合纤细修长的手指，是永不过时的经典

椭圆形指甲：适合几乎所有类型的手指，能使甲床更显修长

方圆形指甲：结合了椭圆形指甲的优雅和方形指甲的粗犷，比方形指甲更显柔和，但与方形甲有一定相似之处

圆形指甲：能够使粗厚的手形看起来小巧，且不易剥裂

尖形指甲：能够使手指看起来更加纤长，同时，透露着前卫、时尚的艺术感

第1章
灵感在身边

  自然美景与都市风光往往为美甲款式提供了不少创意与灵感。我们生活周遭斑斓的色彩与形形色色的图案纹理，都在无形之中给美甲设计以众多的艺术启发。不少甲妆都以其独特的形式，展现了对自然元素的借鉴、汲取与再创造。

  大自然的风光景色往往是精巧有趣、奇妙迷人的，将其用于甲妆中，可以传达人们的爱国情愫或者对某些特定地理风貌的喜爱。而动物花纹相对便于制作，且十分新颖夺目，也是十分走俏的美甲图案。我们可通过点花笔和拉线笔来勾勒斑马纹、豹纹或者蛇纹印花，或者从花鸟鱼虫身上寻找色彩搭配灵感。

  为了增加甲妆中的创意，我们可以从周围环境中寻找启发，从而设计出独到的纹理图案。如若驾驭不了过于复杂棘手的手绘花纹图案，那么采用美甲胶水将干花或者人造羽毛粘在预先涂好的指甲上将大大减小美甲难度，同时又可使甲妆避免单调，这将是十分不错的选择。

季节风尚与潮流元素

时装色彩与款式的选择往往与季节有关，而指尖的流行色调也同样因季节而不同。在冰冷冬季，深色甲油与深色亮片较为流行，而在明媚春季，柔和色调则更加走俏。鲜亮、绚丽的色彩，因其迎合了夏季节日主题与整体氛围，往往是多彩夏季的首选色调。

根据季节风尚，选择不同风格与色调的甲油来烘托当季主题是饶有趣味的。从包括水、土、风、火在内的世间万物中找寻设计灵感，有助于通过甲妆来展露个性。而巧用美甲贴花和其他艺术饰品，能使甲妆更富活力与生机。

上图 富有冷冬气息的银白色甲妆，由 Sam Biddle 制作

左图 采用纯白、浅蓝与淡银色甲油打造的尖形延长甲片，其灵感来自于"冰雪女王"形象，由 Gemma Lambert 制作

右图 由手绘花纹装饰，并以立体树叶型点缀的秋日主题甲妆，由 Gemma Lambert 制作

美甲师简介

Fleury Rose，美国

Fleury Rose 生于美国康涅狄格州，对水彩、素描绘画与插画一直怀抱超高的热情。她在2009年获得美术专业学位，并在攻读学位期间，培养了对水彩画、油画和水墨画的无限热忱。Fleury Rose 定居于美国纽约布鲁克林。在那样一个艺术熔炉里，她不断探寻并实践着革新与创意。

Fleury 深受日本美甲杂志的启发，同时也凭借着自己对于在方寸之间描画色彩的超高热情，成立了一个专门的美甲博客，来展示自己的美甲设计作品。随着她对工作的热情与日俱增，同时鉴于前来美甲的顾客十分之多，她开始逐步建立了属于自己的美甲品牌。Fleury Rose 如今也会在美甲沙龙里提供美甲服务，但只接受预约顾客。同时，她也为包括 Teen Vogue 和 Paper 杂志在内的众多时尚杂志与博客设计过甲妆。

Fleury 深谙英国新锐彩妆品牌Illamasqua的大胆前卫之精髓，也可说是在美引领这一风格的甲妆界大使。同时，她因其在甲妆设计方面的大胆另类而深受业界认可。

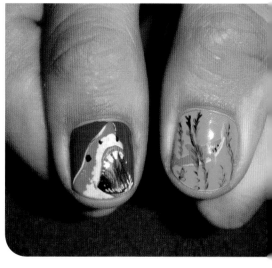

左图 以手绘的海洋生物图案与亮片点缀的海洋主题甲妆

右图（上） 以橘白渐变色打底，并添加手绘黑色条纹打造而成的虎纹印花甲妆

右图（下） 以不透明的蓝绿色甲油打底，并手绘鲨鱼图案进行点缀的一款海洋主题甲妆

花样生活

　　绿植与鲜花图案，往往能根据各种肤色而被设计成多姿多彩的风格，因而是常常用于甲妆制作的经典元素。美甲笔刷或者拉线笔，可用来手绘各式鲜花图案，而美甲印花钢板、模具或者贴纸，是轻松、快速制作独特甲妆的一大利器。

　　花朵千娇百媚，往往传达出或柔和、或娇媚的女性气质，总能够令人感到赏心悦目、心旷神怡。同时，花朵的形态千变万化、风格各异，因而不同的花式能够适合于不同个性的人。在较短的指甲上，采用明亮的色调绘制较简约、淡雅的花朵图案，能够制作出清新有趣的甲妆款式，是夏季节日装扮的人气之选；而在修长的指甲上雕绘立体花朵图案，则能够打造出优雅、迷人的甲妆风格。根据个人的偏好，我们既可在某一只或几只指甲上点缀几片花朵图案，以打造清爽优雅的风格；也可在所有指甲上都雕绘出大朵鲜花，演绎一番绚彩夺目。

　　除了花朵图案，其他生物图案，例如优雅的天鹅，也能够用于打造迷人、夺目的甲妆款式。而蝴蝶等昆虫及其他鸟类身上的斑斓色彩，也能够为美甲艺术带来不少的灵感启发。

上图　内嵌手绘花朵图案加以点缀的延长甲片，由Catherine Wong制作

右图　采用专业美甲工具雕绘立体蝴蝶造型加以点缀的绝美延长甲片，由Catherine Wong制作

上图（左） 采用专业美甲笔绘制大朵鲜花图案加以点缀的多彩渐变甲妆，由 Sam Biddle 设计并制作

上图（右） 以白色甲油打底、手绘抽象树木图案加以点缀的一款闪亮甲妆，由 Sam Biddle 设计并制作

左图 以缤纷花朵图案点缀的人造甲片，由 Sam Biddle 设计并制作

下图（左） 在无名指上绘制清新蓝色花朵图案进行点缀的一款法式甲，由 Eva Darabos 设计并制作

下图（右） 手绘淡雅紫丁香图案加以点缀的法式方形甲，由 Eva Da-rabos 设计并制作

佳作示范：Gemma Lambert 花样甲妆示范

Gemma Lambert 在此展示了如何通过手绘花朵图案来使平淡无奇的指尖更富生机与活力。

需要准备

1. 两支细笔刷
2. 底油
3. 三种不同颜色的甲油
4. 一瓶白色甲油
5. 封层面油
6. 水晶亮钻

1. 在各个指甲上涂抹底油，并薄薄地涂抹两层深色甲油，待其干燥

2. 采用美甲细笔刷蘸取较浅颜色的甲油，在各个指甲上点画出五瓣接近三角形的形状，并使它们保持一定的间距，成花瓣状。在每个甲面上，花瓣可摆放在不同的方位，从而使甲妆不单调，更富新意

3. 待花瓣状甲油干燥后，采用不同颜色的甲油，叠加涂抹每片花瓣上的一半区域

4. 采用细笔刷蘸取白色甲油，从每片花瓣一侧的顶部边缘至底部边缘进行勾勒，为其增添亮点

5. 继续采用白色甲油，在花瓣的每侧添加花叶效果，并点画成簇的细密小点进行点缀。待其完全干燥后，再涂抹封层面油。当封层面油还未干燥时，在每朵花的中央添加水晶或者亮钻，使其更加耀眼、夺目

左图（上） 以立体雕花与亮珠点缀的"口红"形状延长甲片

左图（下） 采用专业美甲产品打造的、以立体雕花与亮钻点缀的延长甲片，熠熠生辉

右图 以立体雕花点缀、带有金秋色调的尖形延长甲片

美甲师简介

Michelle Sproat，加拿大

Michelle从事美容行业已有30余年。期间，她致力于培养美甲界的新秀们。Michelle热衷于周游世界各地，去分享自己对于美甲事业的热情，分享自己对于目前以及新兴美甲技艺的独到领悟。同时，她也在加拿大安大略开办了自己的美甲沙龙。

作为多次美甲大赛的参赛冠军，Michelle对于发展已有的以及创造新兴的美甲技艺有着无限的热忱，而这份不断追求、不断创新的热情也使其在美甲领域保持着顶尖的艺术水准。她曾为美国著名美甲品牌OPI担任了20余年美甲培训师，且作为国际范围内的美甲大师，在世界各地多次参评各类大型美甲大赛并发表演讲。同时，其美甲作品也经常被登载于各大消费类杂志与美甲专业杂志。Michelle现在是ONS(Odyssey Nail Systems)的经销商之一，并常常与其他美甲师同仁分享其美甲经验与操作技巧。

上图 在食指与无名指指甲上添加手绘花朵图案进行点缀的圆形法式甲，由Eva Darabos制作

左图 在指甲表皮边缘镶钻装点，并在指尖手绘花朵图案加以点缀的蓝色尖形延长甲片，惊艳惹眼，由Eva Darabos制作

右图（上） 在指甲表皮边缘贴钻装点，且带红色闪耀甲尖的尖形延长甲片，炫目惹眼，由Eva Darabos制作

造型展示

上图 手绘郁金香图案点缀部分指甲，以纯白色甲油涂抹无名指指甲但对其余指甲采用基础法式画法的一款甲妆，由Sam Biddle制作

左图 在部分指甲上以手绘鲜花图案点缀的一款法式甲，清新雅致，由Eva Darabos设计并制作

上图　采用美甲喷漆和专业美甲产品在人造甲片上打造的靓丽甲妆，其设计灵感来自于伦敦都市风光，由Megumi Mizuno设计并制作

下图　以孔雀羽毛花纹点缀的尖形延长甲片，让指尖犹如孔雀开屏一般绚丽夺目，由Sam Biddle设计并制作

第2章
艺术之美

艺术表现形式总是多种多样，而艺术创造带有明显的主观色彩，进而为甲妆款式与风格的设计提供了无尽的灵感与启迪。作为一项重要表达形式，艺术作品往往揭示了个人的性格与特定环境下个人的想法、渴望与内心世界，这些往往是在甲妆设计中得以借鉴并运用的。

无论我们青睐的艺术风格是什么，或是印象派，或是流行派，又或是立体派，我们都可以汲取其中经典元素或是照搬某项艺术设计，来重新演绎自己喜爱的指尖风尚。甚至，我们可以随心所欲地设计出符合自己心境与感受的靓丽甲妆。

如果有人喜欢细腻风格的甲妆，那么则可以从 Claude Monet 或者 Paul Cézanne 的印象派画作中寻找灵感，从而采用柔和的色调和自由的笔法来绘制甲妆。如果有人热爱艺术，但手法不够娴熟老练，选择这一风格则再合适不过。当然，我们也可以手绘班克西街头涂鸦风格图案（班克西是英国著名街头艺术家），又或者采用薄丝带来仿制出结构艺术元素，打造干净、雅致的线条。

但对于能熟练运用甲油、美甲喷漆或者细笔刷的人们，则可以选择绘制一些经典肖像图案（比如《蒙娜丽莎的微笑》），或者将一些精细的艺术作品再现在指尖。相反，如果对于手法不熟练的人们，则可以尝试用一些定制的美甲套或者美甲贴纸，来快速打造指尖艺术。

左图 绚丽多彩的椭圆形指甲，其设计灵感来自于涂料滴落效果，由 Ami Vega 设计并制作

美甲师简介

Astro Wifey，美国

从事自由职业的美甲师AstroWifey，又名Ashley Crowe，对指甲护理与甲妆设计极富热情。自2008年以来，她便致力于美甲行业，为此就就业。AstroWifey的专业背景是艺术学。起初，她尝试在自己的指甲上创造并设计出各式生动有趣、引人注目的图案，以使自己成为足够训练有素的美甲师，并开始为其他人进行美甲。

AstroWifey通过各大活动、私人派对或者照片拍摄来塑造自己的美甲品牌。令她引以为豪的是，充分利用艺术专业背景，她能够在指甲片这一方寸之间为客户专门定制出个性化的甲妆，同时，又兼顾自然甲的健康保养。作为第一本美国美甲艺术类杂志Tipsy Zine的创始人，AstroWifey被国际潮流时尚资讯网Refinery29列为"芝加哥最具影响力的美甲师"。同时，她的作品也曾刊登于全球领先的专业美甲杂志Scratch上。

AstroWifey说："我常常鼓励我的客户们能够把自己的独到想法说出来。无论它是一个画面，还是某个抽象的主题，或者他们能够联想到的任何色彩或者任何物品，都能够有助于我了解每个客户所喜爱的风格。"

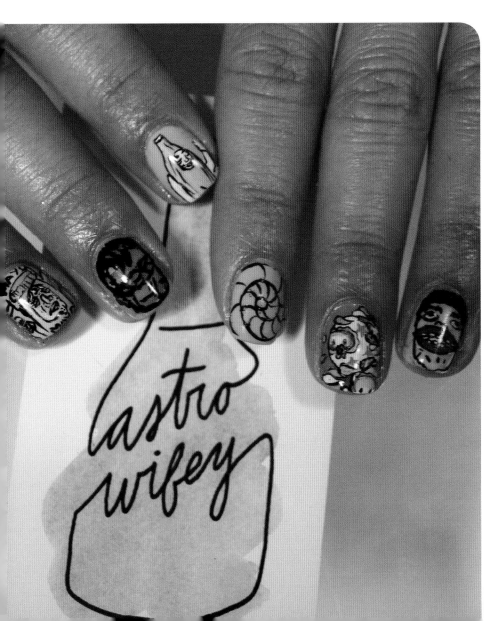

上图 采用鲜艳耀眼的粉色、浅绿、亮黄、鲜绿色甲油手绘的靓丽甲妆

顶图 采用各式甲油手绘的极富艺术感的涂鸦式甲妆

左图 采用各式甲油打造的具有随手涂鸦效果的极富艺术想象力的甲妆

左图 手绘食品符号与个性标语加以点缀的一款特色甲妆，极富趣味性

下图 采用各式甲油与美甲笔刷手绘而成的具有涂鸦效果的一款甲妆。在部分指甲上，采用金色亮钻进行点缀

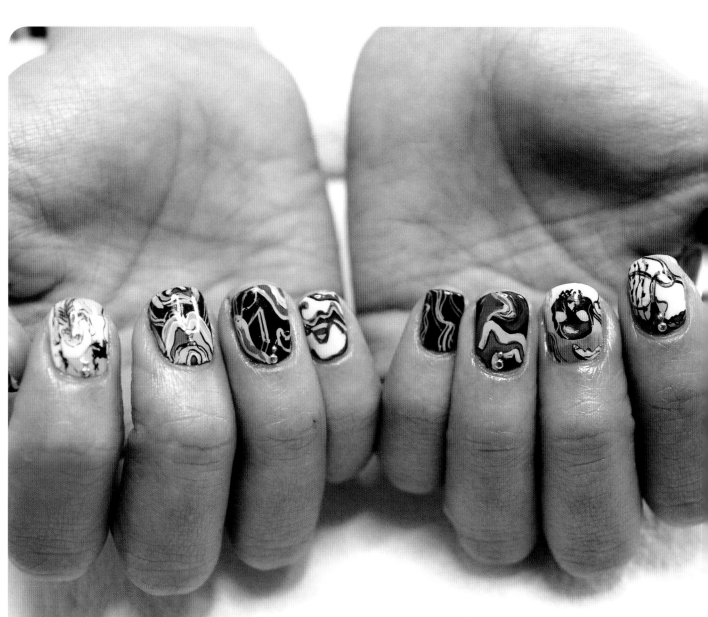

艺术与表达

最左侧图 采用多彩甲油进行手绘，并以金色饰物点缀的印象派风格甲妆，由 Fleury Rose 设计并制作

左图 由 Fleury Rose 在自然甲片上创作的一款甲妆，其灵感来自于 Keith Haring 的街头涂鸦作品

下图 以"挣扎"为主题的一款以手绘图案点缀的甲妆，由 Fleury Rose 制作

右图（下） 采用黑白色甲油打造的、极富表现力的一款个性甲妆，由 Henry Holland 在时装发布秀上为英国美甲品牌雅致格调（Elegant Touch）设计

右图（下） 采用黑白色甲油打造的、极富个性的一款甲妆，Henry Holland 为雅致格调（Elegant Touch）设计

最右侧图 缤纷水亮、鲜艳惹眼的具有波普艺术风格的霓虹亮色甲妆，由 Sam Biddle 设计并制作

20世纪60年代，艺术成为表达人们态度的重要形式，而在第二次世界大战后的伦敦和纽约，人们对新兴的都市大众文化的响应带来了波普艺术（流行艺术的简称，又称新写实主义）运动的兴起。大众流行文化带来了更加多元、更富表现力的艺术形式的兴起。波普艺术大量运用广告插图、商业海报、照片加以剪贴，或者是将最有名的符号化形象引入到画面来，进行不断复制，题材来源具有很强的生活化写实倾向，而这一为"去个性化"的机械复制手法反而成为其独特风格。（波普艺术强调让艺术融入生活、参与生活，将商业文化和艺术不断糅合。）

波普艺术家们通过自己的作品，展示了大众文化不可避免地成为影响并改变人们心理与文化价值观的重要因素。Andy Warhol 与 Roy Lichtenstein 是波普艺术运动的发起人和主要倡导者。他们以生活中的物品作为艺术题材，将重复拼贴的方法运用于一系列艺术作品（例如 Andy Warhol 的《玛丽莲·梦露》与 Roy Lichtenstein 的《十美元账单》），同时又融入自己的色彩理念。

二十几年后，Andy Warhol 的好朋友——同为美国艺术家的 Keith Haring，受纽约街头文化与蓬勃发展的涂鸦艺术的启发，采用鲜亮的色彩、大胆的粗轮廓线条，与生动的人物动物图案，创作了一系列醒目的涂鸦艺术作品。其作品中大量采用动物、人物形象，来展示社会文化的各个方面，以建构个人的视觉语汇。

当波普艺术创作风格反映在美甲艺术上时，意味着美甲者可以通过甲妆来表达自己所认同的社会文化价值观。

上图　采用缤纷多彩的甲油打底、手绘轮廓剪影及心形图案点缀的一款甲妆，其灵感来自Keith Haring的涂鸦艺术作品

右图　手绘方格形图案点缀的红白渐变色甲妆

美甲师简介

Ami Vega，美国

　　酷爱旅行的美甲师Ami Vega在年幼时与其朋友们在指甲上尝试涂抹不同颜色的甲油时，就创作了自己了不起的美甲作品。Ami对于很许多艺术门类都有超高的热情与强烈的兴趣，但她更加潜心于研究美甲艺术，并一举成为纽约城备受欢迎的明星美甲师。Ami总是善于从流行文化元素与生活里大胆、时髦的纹路图案中寻求创作灵感，并设计出许多不凡之作。同时，她在自己的网站上也展示了自己的美甲作品，记录着自己关于美甲艺术的理解，为许多美甲人士提供借鉴之处。

左图　以蓝色、粉色甲油打底，并以手绘涡纹图案装点的一款甲妆

下图（左）　以柔和的裸色甲油打底，并以手绘图案点缀的一款夏日主题甲妆

下图（右）　以黑色、白色甲油在指尖手绘图案进行点缀的改良版法式甲

佳作示范：Ami Vega 色块拼接甲妆示范

Ami Vega 采用不同颜色的亮色甲油，运用起源于 20 世纪 60 年代波普艺术运动中的"图像复制"这一经典手法，来展现艺术作品中"个性化"这一特点。以下几步则向大家展示了如何成功地打造这款具有典型波普风格的甲妆。

需要准备

1. 细笔刷
2. 底油
3. 五瓶柔和的浅色甲油
4. 五瓶相应色系的深色甲油
5. 封层面油

1. 在各个指甲上涂抹一层薄薄的底油。再分别在每个指甲上涂抹薄薄两层不同颜色的柔和的浅色甲油

2. 针对每个指甲，采用美甲笔刷蘸取同一色系的深色甲油，在各个指甲上从半月痕外缘的一侧开始向斜对角画对角线

3. 采用相应颜色的甲油，在各个指甲对角线的下方一侧勾画出矩形左下半部分的轮廓

4. 使用同色甲油将矩形左下半部分的区域填满

5. 在对角线上方的相应区域勾画出矩形的右上半部分，此时，用同色甲油涂满矩形右上半部分以外的区域。待甲油干燥后，再涂上一层薄薄的封层面油

花式美甲

富有创造力的人，往往对于色彩与图案设计总是充满了漫无边际的想象，并渴望展露自己特立独行的艺术风格。其实，许多的甲妆创作灵感都来自于天马行空的想象，而许多富有创意的美甲师不仅从著名的雕塑或者帆布画作中汲取灵感，还能够从卡通漫画甚至于抒情诗歌、散文中找寻启迪。

随性的花式甲妆可通过拉线笔、指甲油、专用美甲笔刷或者美甲模具等美甲师想使用的任何美甲工具进行创造，从而生动地传达其设计理念。

右图 由Fleury Rose制作的大胆前卫的一款甲妆，其灵感来自于荷兰抽象艺术画家Mondrian以交错三原色为基色的垂直线条和平面为特点的艺术作品

下图（左） 采用鲜艳大胆的甲油与醒目惹眼的线条轮廓打造的一款极富表现力的甲妆，由Fleury Rose制作

下图（右） 以深浅不同的蓝色甲油打造的具有水彩效果的一款甲妆，浓淡参差，并附以3D亮钻点缀出立体效果，由Fleury Rose制作

上图 以黑、白两色甲油手绘圣罗兰、爱马仕等品牌标识加以点缀的一款时尚甲妆，由Sophie-Harris Greenslade 设计并制作

左图 以黑色甲油打底，并手绘白色符号加以点缀的一款个性甲妆，由Sam Biddle 设计并制作

右图 以不透明的纯白色甲油打底，并手绘迪士尼主题图案加以点缀的一款童趣甲妆，由Megumi Mizuno 设计并制作

文身艺术与美甲

人体文身艺术是一种修饰自我与表达自我的重要形式。文身者根据自己的心意将不同风格的艺术图案呈现在身体上来强调自我，并作为一种长久的精神图腾。然而，美甲艺术的魅力在于，甲妆可以不须作为长久的保留。即便是专业的美甲，也只能保持三周左右。而对于采用甲油制作出来的简单甲妆，则能够随时根据自己的想法清洗拆卸。

美甲艺术作为时尚在指尖的表达与延伸，与文身艺术往往能够相互补充。对于那些不文身的人们，美甲往往是个人在短时间里表达心意与信仰的重要方式。

传统的文身工艺以浓密的厚重线条勾勒出墨黑、彩色和肤色相结合的图案。而新兴的文身工艺则更加注重随性创作。去文身的人往往将信任交给文身师，让其创作出由独特纹路图案和丰富色彩构成的文身设计。而采用指甲油、指甲喷漆和各式笔刷，我们也能够将文身艺术风格呈现在指尖。

美甲师简介

Vu Nguyen，美国

毕业于著名的美国加州艺术学院的 Vu Nguyen，之前是一名技艺高超的文身艺术家。2002年，母亲鼓励其一起参与美容学校培训，其后，他成功转型成为一名美甲师。自毕业以来，他曾赢得许许多多美甲大赛的大奖，并因其通过手绘创作的精致、巧妙的甲妆而名声大噪。Vu的美甲作品曾被刊载于众多消费类杂志封面。同时，Vu也曾出版了四本关于美甲艺术的著作。

作为著名美甲品牌OPI的客席美甲师，Vu周游世界各地为美甲师同仁们提供培训，也不忘抽空把玩文身艺术。同时，Vu的弟弟Robert也是一名成功的美甲师。他与Vu在OPI公司合力组成了一支优秀团队，常常现身于世界范围内各大时尚展和培训中心。

顶图 手绘经典电影人物图案以点缀甲尖的一款甲妆，由Vu Nguyen制作

左图（上） 手绘惊险故事《金银岛》中经典图案以装点甲尖的一款甲妆，由Vu Nguyen制作

左图（下） 以多彩甲油手绘经典美国景象与代表物加以点缀的一款甲妆，由Vu Nguyen制作

上图　将火车形象及车厢一幕绘制在甲尖的一款个性甲妆，由 Vu Nguyen 制作

Vu Nguyen 采用美甲笔刷在涂有黑色亚光甲油的指甲上创作了一幅生动的骷髅头骨图案。在此，他先涂抹两层薄薄的白色甲油以画出头骨的左半侧，而只涂抹一层白色甲油来画出头骨的右半侧，以此来达到一定的阴影效果。同时，他采用细笔刷来勾勒鼻骨的轮廓，并制作出一定的裂纹效果，再添加牙齿和下颌骨部分。

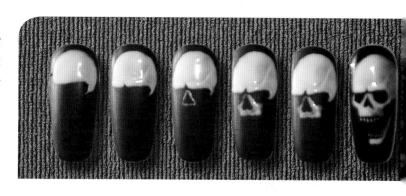

为打造出惊悚骇人的视觉效果，先采用鲜红色甲油涂抹各个指甲。待鲜红色甲油干燥之后，采用细的美甲笔刷蘸取深蓝色甲油描画出眼窝和鼻骨部分，接着再画出牙齿部分。清洁多余的甲油，待蓝色甲油近乎干燥时，轻轻擦拭骷髅图案，使其周围出现自然的阴影。

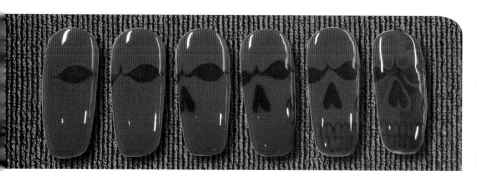

为打造这款印有老虎头像的甲妆，先用海绵蘸取灰色甲油按压在涂有红色甲油指甲上的三个部分。接着，采用美甲细笔刷蘸取黑色甲油描画出老虎的眼睛轮廓、鼻子、胡须以及斑点。将笔刷从鼻子轮廓附近轻轻拖曳，以制造出一定的阴影效果。最后，用墨绿色甲油填充老虎眼睛部分。

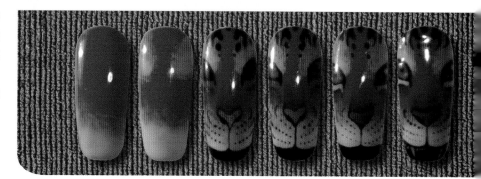

第3章
演绎个性品位

　　着装打扮与行为举止的风格，是揭示人们个性特点的最直接、最明显的表现形式，往往与亚文化、生活实际或者个人品位密不可分的。（亚文化又称小文化，是与主文化相对应的那些非主流的、局部的文化现象。）

　　指甲形状和色彩搭配也往往由个人的喜好所决定。有些人不愿意尝试各种花样，而钟情于经典雅致的法式甲或者干净清新的裸色甲油。相反，有些人则喜欢采用延长甲片以及自己钟情的色彩来打造纷繁复杂的甲妆，并添加能够标榜自己的个性元素。

　　许多人在日常生活中喜欢追随华丽前卫的时尚潮流，而美甲艺术则是微妙地传达个人品位与爱好的重要方式。与那些更加夸张、费力、不贴近生活的表达方式相比，美甲艺术往往更具实际性。

　　亚文化对个人风格将产生不小的影响。从个人参与的活动到其爱听的音乐，从其爱看的电影到衣着打扮，方方面面都能够有所体现。同样，这也会体现在美甲风格的选择上。

哥特式"暗黑"美学

在20世纪80年代早期的后朋克时代背景下，现代哥特亚文化让人们更加热衷于选择暗色的怪诞服装风格以及深色装扮物。

哥特风格的服装材料往往包括蕾丝、皮革、丝绒以及近年来兴起的pvc塑料片，同时，也常常采用骷髅、蝙蝠及其他神秘的带有浓厚异域或者宗教色彩的标识。血红色和深紫色是哥特风格的流行色调。另外，哥特式建筑艺术中的经典元素，诸如尖顶拱门、雕花等，都能够运用于甲妆设计中。

上图 以黑色甲油打底，以手绘的白色十字架图案点缀的狂野、神秘甲妆，是哥特亚文化的传神表达

下图 以金色闪耀甲油涂抹指尖并将其延伸至手指上的一款另类甲妆，极富视觉冲击力，由Megumi Mizuno制作

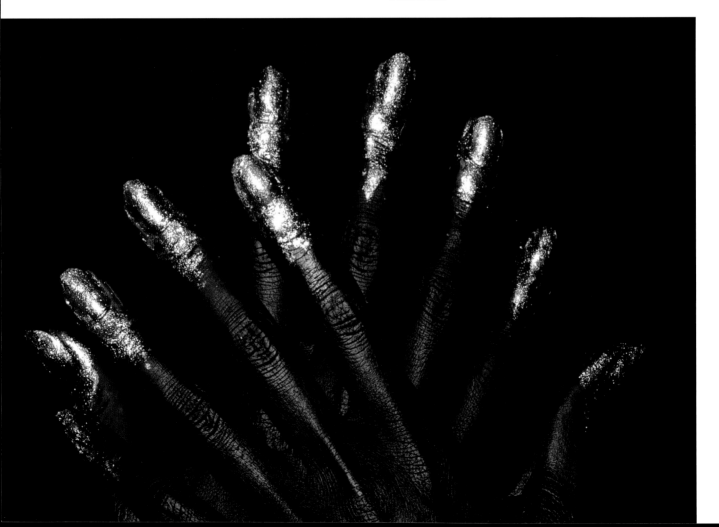

左图（上） 以手绘的黑色蕾丝图案点缀的带有绒面效果的延长甲片，由Eva Darabos制作

右图（上） 以手绘的血迹、符咒、蛛网等哥特式风格图案点缀的暗黑系甲妆，由Fleury Rose制作

左图（中） 以黑色、红色、金色甲油打底，以手绘骷髅图案为点缀并嵌以金属钉饰的一款甲妆，由Megumi Mizuno制作

右图（中） 绒面指甲与带有鳄鱼皮纹路的指甲相互呼应，并配以亮钻点缀，由Sam Biddle制作

左图（下） 以深浅不同的红色甲油打底，并以金色与深红色甲油手绘图案点缀的醒目甲妆，由Sam Biddle制作

右图（下） 以黑色甲油打底，并以金色甲油手绘哥特式建筑元素与骷髅图案点缀的一款甲妆，由Sophie Harris-Greenslade制作

美甲师简介

Sophie Harris-Greenslade，英国

Sophie Harris-Greenslade大学毕业于插画与动画专业。拿到大学学位之后，她转而完成了专业美甲师的培训课程，接着专职从事美甲事业。其绘制的每款甲妆都凭其精致无比的细节与妙趣横生的设计，给人带来一场指尖的视觉盛宴。Sophie经常为参与知名杂志拍摄的模特设计美甲，并为全球范围内包括OPI、Nails Inc、Christian Dior在内的众多时尚大牌设计了一系列潮流甲妆。

Sophie Harris-Greenslade为许多名媛佳丽设计并制作过甲妆，并常常受邀创作美甲作品。同时，她还在伦敦时装周为包括PPQ、Matthew Williamson和Jasper Conran在内的服装设计师制作过甲妆。Sophie的博客在全球约有超过50万的粉丝，使其成为伦敦定制甲妆领域的前沿设计师。

Sophie凭其创作的靓丽甲妆作品，曾参与了世界首届美甲艺术展览会（NailPhilia）。其作品展示就位列美甲大师Marian Newman作品一旁。Sophie凭其优秀的美甲作品，得到了包括I-D，Stylist和Teen Vogue等在内的各大知名时尚杂志的认可。同时，她还是专业美甲杂志Scratch的专栏作家。

左图 以手绘彩虹图案点缀的一款星系主题甲妆

右图 以纷繁绚丽的手绘图案装点的一款甲妆

下图（左） 采用亮色甲油手绘柠檬图案以点缀的水果主题甲妆

下图（右） 将手绘的鲜艳花朵图案随意点缀其中的圆形指甲

上图（左）以白色甲油打底，并采用醒目惹眼的亮色甲油手绘花朵图案加以点缀的一款甲妆

上图（右）以彩色条纹图案打底，并在顶层以黑白两色甲油手绘希腊风情图案以点缀的一款甲妆

右图　以白色甲油打底，在指甲中央绘制心形图案并填充甲油使其呈现柔和的彩色渐变效果，创造"负空间"视觉效果

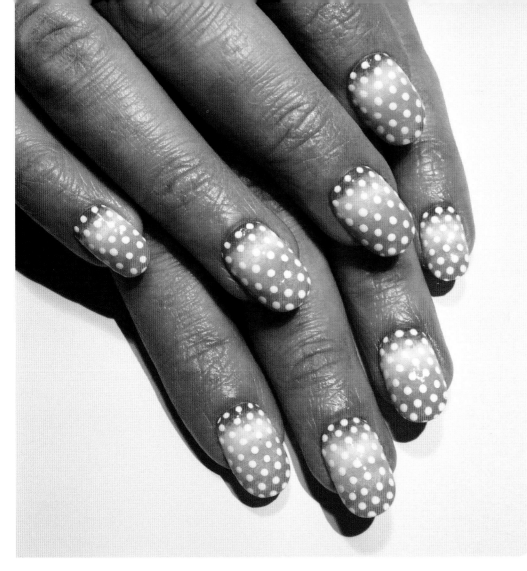

左图　用海绵分别蘸取多种亮色甲油并将其按压在指甲上，从而打造成的彩虹色渐变甲妆，并添加白色波点进行点缀，更显活泼俏皮

下图（左）　极富艺术气息的带有彩色笔画效果的一款甲妆

下图（右）　采用两种亮色甲油绘制而成的具有现代感的改良版半月甲，前卫时尚且醒目

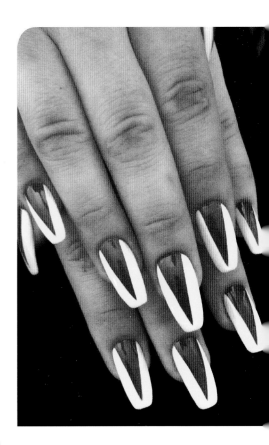

佳作示范：Sophie Harris-Greenslade 金色十字架印花甲妆示范

在此，Sophie Harris-Greenslade 展示了如何运用暗色甲油与十字架图案来打造个性十足的哥特式甲妆。

需要准备

1. 底油
2. 黑色甲油
3. 封层面油
4. 牙签
5. 彩色宝石或水晶
6. 小剪刀
7. 金色细丝带
8. 小的银色珠饰
9. 扁款的金属色小圆片
10. 铜色细丝带

1. 先在各个指甲上涂抹一层底油，再涂抹两层薄薄的黑色甲油

2. 在除了无名指之外的其他指甲中央点一小点封层面油。借助牙签，将彩色宝石放置在点有面油的位置，轻轻将其按压以使其稳固

3. 剪下两小股带有金属丝的金色细丝带。用面油和牙签将两股细丝呈倒"∨"形尖顶状贴在指甲底部中央。在其他贴有宝石的指甲上也进行相同的操作

4. 再剪出两股细丝带，将其分别紧接着倒"∨"形的两条细丝带底端开始竖直地放置，从而形成十字架的上半部分

5. 再剪出两股金色细丝带，将其呈水平放置，与十字架的上半部分相垂直

6. 在每个宝石的左右两侧，分别将两股金色细丝带呈开口朝内的侧"∨"形放置，再分别添加两股水平放置的细丝带

7. 在指甲尖部添加两股细丝带使其呈"∨"形放置，并再添加两股垂直细丝带，使十字架的形象完整

8. 在带有十字架图案的八个指甲上涂抹一层封层面油。在面油干燥之前，在宝石周围粘贴一圈银色细珠

9. 在无名指指甲上涂上封层面油。剪出两股金色细丝带，将其平行地粘贴在指甲尖部。两股细丝带保持一定的间距

10. 在两股平行的细丝带之间，添加一排扁宽的金属色小圆片

11. 剪出两股铜色细丝带，将其平行放置于两股金色细丝带上方，并使两股铜丝之间保持一定的距离。从金色细丝带剪下一小块一小块的小正方形，并将其放在两股铜色细丝带之间排成一排，以形成马赛克效果

12. 再添加一层封层面油。在铜丝带的上方添加三排扁圆的金属色小圆片

13. 在三排金属色小圆片的上方，再分别添加一股铜色细丝带和一股金色细丝带

14. 将金色细丝带剪成若干个均等的小正方形，并将小正方形成排粘贴在铜色和金色细丝带的上方

15. 在各个指甲上涂抹最后一层的封层面油

甜美
少女风

女性文化是一项重要的亚文化主题。女性气质可以通过独特的色彩搭配与图案设计来展现。典型的少女特质往往会通过柔和的色调（特别是粉色），以及闪耀晶莹的触感而表现出来。

人们对少女的固有印象，往往会通过电影中的少女形象与芭比等玩偶形象而得到强化。在人们印象中，身穿碎花或者粉色连衣裙，乖巧甜美，在生活中无忧无虑，往往是少女的经典形象。而女人往往天生爱购物，并且非常关注外貌形象（当然也包括美甲）。因此，精巧、雅致，能够映衬整体装束的甲妆往往深得少女喜爱。

左图 采用桃粉色、黑色、白色甲油打造的，以纯色与条纹图案相互映衬并配以金属铆钉点缀的一款俏皮有趣的甲妆

下图（左） 采用粉色珠光甲油打造甲尖的，并配以金色蝴蝶饰物点缀的椭圆形延长甲片，由Megumi Mizuno制作

下图（右） 以粉色珠光甲油打造指尖，并以手绘花纹与亮钻点缀而成的一款甲妆，由Eva Darabos制作

左图　以多种柔和的浅色甲油在延长甲片上绘制的美人鱼主题甲妆，由 Fleury Rose 制作

右图　以素雅的浅紫色甲油打底，并在个别指甲上点画波点或者镶钻点缀的一款甜美甲妆，由 Fleury Rose 制作

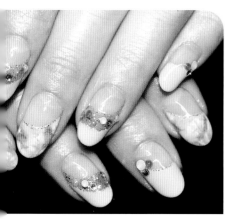

上图　采用浅粉色甲油涂抹指尖，以闪银色甲油勾勒微笑线，并以惹眼的彩色珠饰点缀而成的圆形甲片，由 Megumi Mizuno 制作

右图　以粉色、白色甲油打造的具有大理石面纹路效果的一款甲妆，由 Sam Biddle 制作

佳作示范：Fleury Rose 雏菊印花甲妆示范

Fleury Rose 在此展示了如何让璀璨绽放于指尖，散发清新独特的少女气质。

需要准备

1. 蓝色、黄色、黑色甲油
2. 细美甲笔刷
3. 波点棒
4. 封层面油

1. 在各个指甲上涂抹两层薄薄的天蓝色甲油，等待其干燥

2. 采用硬头笔刷，蘸取黄色甲油，在每个指甲上成对角线的两个角落绘出半圆形

3. 将笔刷清洗干净，用笔刷蘸取白色甲油，在指甲尖部的黄色半圆形周围，绘出白色的雏菊花瓣。在各个指甲上重复这一操作

4. 在各个指甲底部的黄色半圆形周围绘出白色花瓣

5. 使用波点棒在雏菊中央点画出黑色细圆点

6. 等待其干燥后，使用面油进行
   封层

左图　以手绘深红色玫瑰花图案与黑色花纹点缀的延长甲片

右图　以粉色珠光甲油打造的尖形延长甲片，配以大朵的立体雕花与闪亮宝石等饰物装点，极富女性魅力

下图　以浅粉色为主色调，采用立体雕花与金银色亮钻点缀的延长甲片

上图　采用金色亮片、迷你珍珠与立体雕花打造的粉嫩闪亮的延长甲片，散发迷人的女性气质

美甲师简介

Catherine Wong，新加坡

　　Catherine Wong 作为美甲行业知名的国际培训师、美甲大赛评委与积极参赛者以及产品开发制造商顾问，是业内深受敬重的一大功臣。她的美甲作品曾刊载于各大国际美甲杂志。同时，Catherine 也是常常受邀出访欧美、墨西哥、澳大利亚、日韩与亚洲其他地区的一大知名美甲嘉宾。Catherine 曾多次获得美甲师大奖，而她对于美甲行业，特别是新加坡与马来西亚美甲行业的发展起到重要的推动作用。

华丽典雅风

谈起华丽典雅的格调，人们往往会想到奢华的礼服、时髦的装束与精致姣好的妆容。名流文化对这一风格的发展起到了不可小觑的作用。特别是好莱坞明星们被塑造成的与众不同的大咖形象，掀起了人们对好莱坞经典魅力的追捧。

高贵优雅是这一风格的精髓，而采用椭圆形与尖形延长甲片往往能更加突出这一特点。绯红色等其他红色系、经典黑色以及金银色甲油往往是打造这款华丽典雅风的首选色。而典雅的气息往往在不露声色之间展露出来，呈现低调的奢华。

上图 以象征永恒经典的黑白色花朵图案点缀的改良版法式甲，优雅迷人，由 Ami Vega 手绘制作

左图 以金色亮片点缀的椭圆形反法式半月甲，由 Sophie Harris-Greenslade 创作

右图 搭配采用玳瑁花纹与铜色珠光甲油打造的一款方圆形指甲，优雅、成熟、大气，由 Megumi Mizuno 制作

左图（上） 以金属薄片装饰指甲底部边缘，并以暗红色亚光甲油打造的具有大理石纹面效果的椭圆形甲片，由Megumi Mizuno制作

右图（上） 以彩色水晶装点无名指，同时以黑色与闪金色甲油打造其余指甲的一款闪亮甲妆，由Fleury Rose制作

右图（中） 以裸色、黑色甲油搭配绘制蕾丝图案或光晕图案点缀而成的一款甲妆，由Fleury Rose制作

左图（下） 以金属薄片修饰指尖，并以其他金属饰物点缀而成的另类延长甲片，由Megumi Mizuno制作

右图（下） 以各式珠宝亮钻点缀而成的，带有金色闪耀指尖的一款靓丽甲妆，由Megumi Mizuno设计并制作

上图： 采用银箔片与钻石点缀的精致甲妆，与手腕上的珠宝饰物相得益彰

美甲师简介

Beth Fricke，美国

Beth Fricke 凭着一丝不苟的态度以及引领时尚的才能，成为时尚、美容和娱乐界卓尔不群的美甲大师。自其在十八岁那年，在自己家乡美国密苏里州堪萨斯市成为一名专业美甲师以来，Beth 一面在大学努力完成广播电视新闻学的课程学习，一面在美甲沙龙里工作。

在 Beth 迁至洛杉矶之后的五年时间里，她也曾从事音乐视频与商业广告制作。Beth 在美甲领域有着深厚的功底，此后，她不断扩充着自己的业务量。她的美甲作品曾刊载于包括 Elle、《时尚芭莎》、Glamour 和 Nylon 在内的各大时尚杂志封面。Beth 曾为众多杂志提供关于最前卫的甲妆潮流咨询与甲部护理建议。同时，她更为德鲁·巴里摩尔，海蒂·克鲁姆，米兰达·可儿，玛丽亚·凯莉等众多国际名模、影星设计过无比惊艳的美甲作品。

右图 采用银箔片装
点的优雅圆形指甲

下图 采用印有美元
花纹的美甲贴打造的
圆形指甲

重要贴士

　　采用闪亮的金色或
者银色箔片，有助于打
造真正炫目耀眼的甲
妆。美甲时，可以在延
长甲片上镶嵌珠宝或者
不同寻常的织物或者饰
物进行点缀。

第4章
时装与美甲

当设计师着手设计新款时装发布秀时，往往会在内心构想出一个符合主题的模特形象——一个具有特定性格特点的男性或者女性，他／她有一定的生活轨迹并且有特定的兴趣爱好。为了凸显这一形象与性格特点，设计师往往会选用合适的布料或者纹理图案来进行设计与创作。

当已完成的设计在时装发布秀上被展出时，模特的外貌长相、发型设计、妆容、鞋帽乃至指甲颜色与设计，都需被统筹协调。过去，裸色和浅色的甲油因其简单、大方，且不容易分散观看者对于衣着的注意力，而深受欢迎。而近几年来，设计师则越来越倾向采用各式各样的甲油颜色与图案款式，来搭配模特的整体装束。

时装发布秀开始前几周，时装设计师便会与发型师、化妆师与美甲师一起商讨模特的造型设计，使模特整体形象的各个方面相互协调、相得益彰，从而最大限度地展现这个时装发布秀的主题精髓。时装发布秀是对时尚元素的夸张化的方向标。发布秀结束之后，其中的时尚元素将会被用于更具实用性的日常服饰设计之中。同时，时尚杂志上也会展示出当季流行的服饰、妆容、发型与美甲款式。

每个人可以根据自己的喜好来选择不同的方式阐释潮流与个性。基于不同的色彩搭配与风格，我们既可以以柔和的、温婉的方式来传达时尚感，也可以借助任何可能的饰物，以一种极致的方式来酣畅淋漓地诠释潮流个性。

左图 以黄色甲油打底，并采用闪亮饰物点缀而成的一款甲妆，与 The Blonds 春夏时装发布秀上的模特妆容相互辉映，由 CND 公司美甲师制作

经典别致风

当时尚界愈发大胆地尝试纷繁多样的个性甲妆时，仍有许多的设计师喜欢为自己的模特们选择简单干净的裸色甲或者法式甲。裸色指甲与法式甲，往往能在视觉效果上延长指尖，并且凭其干净、大方的款式，而适用于搭配各式衣服。这一素雅美观又不出格的风格是日常穿搭，且特别是出入职场的绝佳选择。甲形可以根据设计师的想法或者美甲者自身的独特需求来选择。方形指甲与椭圆形指甲能够展现随和的女性气质，适用于日常装扮；而尖形的延长甲片则更能展现狂野、前卫的风格。

相反，采用黑色珠光甲油或者黑色亚光甲油打造的甲妆，则能够展现别致时髦的气息。虽然除了为打造以哥特风格为主题的甲妆，黑色甲油在多数情况下不太适合浅肤色，但是，黑色甲妆如经典的小黑裙一样，往往精巧雅致，能够烘托各式装束，是冬季里蔚为流行的风格。相反，不透明的白色甲油则是夏季首选。

上图 采用金色烛光甲油打造的圆形指甲，与 Genny 春夏时装发布秀上模特穿戴的饰物相互辉映，由 Antonio Sacripante 制作

上图 Antonio Sacripante 为 Genny 春夏时装发布秀上模特精心制作的金色甲妆

右图 图为模特在 Alexander Wang 秋冬时装发布秀上展示了衬托肤色的一款自然甲妆，由 CND 公司美甲师打造

左图 图为模特在 Alexander Wang 秋冬时装发布秀上展示的一款柔和素雅的甲妆，由 CND 公司美甲师打造

下图（左） 图为模特在 Alexander Wang 秋冬时装发布秀上展示的以裸色为主色调且带斑驳质感的方形指甲，由 CND 公司美甲师打造

左图（右） 采用透明色甲油打造的具有自然光泽的甲妆，在视觉效果上使得指尖更显修长。这款甲妆由 Antonio Sacripante 及其团队为 Gianfranco Ferre 春夏时装发布秀设计，简单大方，避免了分散观看者对于模特服饰的注意力

造型展示

上图（左） 由 Antonio Sacripante 及其团队设计的粉色椭圆形指甲，与 DSquared2 春夏时装发布秀上的模特时装形成独特的对比

上图（右） DSquared2 春夏时装发布秀上一款极富女性气质的粉色甲妆特写。此款甲妆由 Antonio Sacripante 设计并制作

左图 DSquared2 时装发布秀上另一款甲妆特写。这款浅粉色的甲妆为以鲜艳色调为主打的时装秀增添了一抹淡雅的女性气息

左图及下图（左） 由 CND 公司美甲师团队为 Alexander Wang 秋冬时装发布秀设计的自然干净的短指甲，与发布秀上模特的淡雅妆容相得益彰

下图（中） 由 Antonio Sacripante 及其团队为 DSquared2 春夏时装发布秀打造的一款极富女性气质的浅粉色甲妆，其淡雅的风格与模特服饰上夸张、大胆、前卫的豹纹印花形成鲜明对比

下图（右） 由 Antonio Sacripante 及其团队采用金色珠光甲油打造的一款闪亮甲妆，恰到好处地烘托了 Genny 春夏时装发布秀上模特服装上的精致细节

左图　由 Antonio Sacripante 为 DSquared2 春夏时装发布秀设计的一款延长甲片

上图　模特在 DSquared2 时装秀上展示的一款椭圆形指甲

美甲师简介

Antonio Sacripante，意大利

Antonio Sacripante 大学毕业后便涉足美甲行业，并将过去对于高分子学的学习热情转移到美甲领域。自 Antonio 在众多美甲大赛夺魁以后，他凭借非凡的创造力在时尚领域开始崭露头角。自 2007 年以来，Antonio 在包括 Dsquared2 米兰时装周和 Les Copains 米兰时装周在内的各类高端时装秀上，领导自己的美甲团队，创作了出令人怦然心动的时尚甲妆。作为多个奖项的获得者，Antonio 被聘为美甲品牌"Hand and Nail Harmony"的首席培训师，同时，他在意大利也创办了自己的美甲培训机构，为众多名媛佳丽提供美甲服务，并担任各项美甲大赛评委与培训师。

Antonio 经常作为美甲时尚领域的专家出现在俄罗斯各大国际时尚频道中。2013 年，Antonio 曾在美国举办的意大利文化展上展示了他在 10 只指尖上创作的名为"The Cutting Age"的惊艳甲妆作品。另外，Antonio 十分擅长在指尖制作或描画微型景观，比如，他曾利用橡树皮和干花等不同寻常的材料，在指尖上制作出一片微型的临海森林。

Antonio Sacripante 说："每次我为设计师的时装发布秀的模特设计甲妆时，我都会花很多的时间与时装设计师们交谈，从而寻找到最能够反映他们时装发布秀主题的甲妆款式。这往往需要多方面的合作。时装设计师们最清楚通过时装发布秀想表达什么主题。而作为一名美甲师，我需要做的，则是尽可能满足他们的需要，为时装秀的主题添光加彩，同时，给出一些令人意想不到的惊喜。"

上图　DSquared2时装发布秀上的浅色椭圆形指甲，使模特服饰上高调大胆的图案成为更加惹眼的焦点

右图　Stella Jean 春夏时装发布秀上一款鲜艳的玫红色甲妆，与服饰上炫目耀眼的图案相互辉映

左图　鲜艳惹眼的亮色甲妆恰到好处地烘托了Sfella Jean 时 装 发 布 秀上，模特大胆前卫的头饰装扮

右图　Genny春夏时装发布秀上的模特展示了在自然甲上打造的金色闪亮甲妆

印花与图案

采用具有时尚潮感的甲油，或利用时装上的图案及其他艺术元素来打造甲妆，是追崇潮流趋向的一大方式。实际上，即便不直接将时装上的纹理图案用于甲妆设计，通过美甲笔刷、甲油或者美甲模具，也能够在指尖打造出与时装图案相互辉映的靓丽甲妆。

与高级时装设计师合作时，美甲师团队往往会提出多种想法，供设计师们选出那些能与服装色彩相搭配、或者能与服装图案纹理相辉映的甲妆款式。同时，甲形的选择也是传神地表达个性与内心世界的关键因素。

上图 镶嵌水晶进行点缀的亮黄色甲妆，与 The Blonds 春夏时装发布秀上的时装风格相互辉映，具有绝佳的搭配性，由 CND 公司的美甲师设计

上图 采用亮黄色、蓝色、黑色甲油绘制的一款惹眼甲妆，极富个性，很好地呼应了 The Blonds 春夏时装发布秀上模特的妆容与服饰风格，由 CND 公司美甲师设计并制作

上图 由 CND 公司美甲师为 The Blonds 春夏时装发布秀设计的一款甲妆特写

右图 由 CND 公司美甲师为 The Blonds 春夏时装发布秀设计的一款嵌以金属饰物进行点缀的个性甲妆

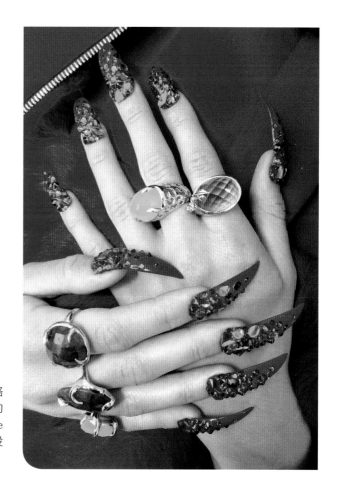

上图 以手绘的格子印花进行点缀的一款甲妆，由Sophie Harris-Greenslade设计并制作

左图 以各式织物纹理图案为灵感打造的一款金色主题甲妆，由Astrowifey手工绘制

上图 采用蓝色水晶点缀的深红色尖形延长甲片，大胆惹眼，与模特身上的红色大衣两相辉映，由Sophie Harris-Greenslade制作

下图 以手绘印花点缀的鲜艳惹眼的甲妆特写。这款甲妆以模特服饰上的图案纹理为灵感，由Sophie Harris-Greenslade制作

时装与美甲：Michael van der Ham 与 CND

美国专业美甲公司瑰婷（CND）受著名设计师Michael van der Ham之邀，为其2014春夏时装发布秀的模特设计甲妆。Michael van der Ham 的这一季时装设计灵感来自于摄影师Jackie Nickerson的作品《农场》。这本摄影类书集中展示了具有异域风情的津巴布韦纺织服装之美。Michael van der Ham 在设计中运用柔和的斑驳色调结合大胆的黄色与海军蓝，并配以不同寻常的图案纹理，同时，他也在设计中加入了自己的独到风格，并通过精致的裁剪工艺，延续对非洲的完美解读，从而成功展示自己心中构想的女性形象：自然纯真、无拘无束。

CND 公司的联合创始人之一 Jan Arnold 看过最初的服装图案设计，并与设计师 Michael van der Ham 进行充分的交流之后，领导其精英美甲师团队最终为模特们创作了4款甲妆。这些甲妆以具有印象主义风格的浪漫花园为灵感，展示出奇谲、神秘的个性风格，并传达出 Michael van der Ham 时装发布秀的设计理念与精髓。为了展示 Michael van der Ham 心中构想的自然纯真、无拘无束的女性形象，发布秀上模特的指甲形状被设计成随性、自然的简单款式，而色彩的搭配主要以黄色与灰色、蓝绿色与黑色、海军蓝色与紫色、灰色与珊瑚色为主。

下图 在 Michael van der Ham 春夏时装发布秀上走秀的模特

右图 Michael van der Ham 春夏时装发布秀上的纷繁变幻的纹路图案，展现出设计师的独特设计构想，也为 CND 公司的美甲师提供了无限的设计灵感

下图 时装发布秀上的时装图案特写，以及与服饰相互映衬的精致甲妆特写

上图 由CND公司美甲师为 Michael van der Ham 春夏时装发布秀设计的一款以黄色与黑色为主色调的甲妆。这款甲妆与模特的服装图案彼此辉映，相得益彰

设计师简介

Michael van der Ham

出生于荷兰的 Michael van der Ham，毕业于伦敦中央圣马丁艺术与设计学院的时尚类专业。他自2009年以来便在伦敦时装周上展示自己的作品，并且是英国时装协会的颁发的"新生代（NEWGEN）计划"最高奖项的得主之一。同时，他善于将女性优雅融入提花织物和精妙剪裁中，同时又保持视觉上的简洁大方。Michael 凭借其将华丽与优雅并存的独特之处，还揽获了英国时尚大奖（British Fashion Awards）。

2012 年 7 月，Michael 曾受服装设计师 Suttirat Larlarb 与电影导演 Danny Boyleto 之邀，为伦敦奥运会开幕式设计出250套演出服装，为大家上演了一场时尚盛宴。

左图为时装发布秀上 Michael 与 CND 公司首席美甲师 Amanda Fontanarrosa 的合影。

上图 Michael van der Ham 春夏时装发布秀上正在走秀的模特，其甲妆是由 CND公司美甲师为此次时装秀设计的四款甲妆之一

下图 Michael van der Ham 时装秀模特在幕后展示CND公司美甲师为此次时装秀设计的四款甲妆之一

美甲师简介

Jan Arnold

　　Jan Arnold是CND的联合创始人之一。Jan具有深厚的品牌管理经验，并对推动CND成长为一个全球领先的甲部护理与美甲服务公司功不可没。Jan敏锐的时尚嗅觉和风格品位使其成为CND公司的灵魂人物。为此，她常被誉为时尚美甲的"第一夫人"。

　　Jan是带领专业美甲走向国际高端时尚的重要一角。同时，她更是为包括Alexander Wang，Michael van der Ham和华裔设计师Jason Wu、Phillip Lim等在内的全球众多顶级设计师们开创定制甲妆风格的先锋人物。在Jan看来，"成功的甲妆是人们身上最灵动最精致的时尚装备——是衬托整体装束与形象风格的完美标志，更是展现个人气质与魅力的点睛之笔。"

　　在Jan Arnold看来，"近年来，主流设计师更加勇于尝试不同的甲油颜色、甲片形状与纹路图案。鉴于甲妆的易制特点，人们轻松地就可以将潮流赋予指尖，因此，美甲也逐渐成为时尚主流。在过去几年间，逐渐被大众所熟知的'美甲艺术'被演绎得更加纷繁复杂、耀眼夺目，被视为广受追捧的指尖时尚。"

左图 Michael van der Ham春夏时装发布秀的模特修出适合的甲形

右图 CND公司美甲师为Michael van der Ham春夏时装发布秀设计的4款甲片之一，将其粘贴至模特自然甲面上即可

左图 运用海绵蘸取CND的Vinylux甲油，并分层、按压制作而成的四款印象主义风格甲妆之一，由CND公司美甲师为Michael van der Ham春夏时装发布秀模特设计

佳作示范：Amanda Fontanarrosa 和 Michael van der Ham 春夏时装秀甲妆示范

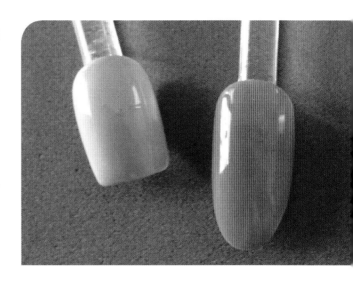

Amanda Fontanarrosa，是 CND 公司的培训大使和媒体发言人。他在此展示了如何制作出 Michael van der Ham 春夏伦敦时装发布秀上的大牌甲妆。

1. 将甲片修成椭圆形或方形，再在甲片上分别涂抹两层已经准备好的甲油。图为：涂有 CND Cityscape 微光疗甲油的方形甲片和涂有 Gotcha 微光疗甲油的椭圆形甲片

2. 准备好若干海绵薄片。分别从四或五瓶准备好的甲油中汲取适量并将其滴在托盘上。图为：CND 微光疗甲油，分别为 Asphalt、Lobster Rol、Cityscape、Gotcha 和 Married to the Mauve 五个系列

需要准备

1. 四或五瓶甲油
2. 切成小片的海绵
3. 小镊子
4. 封层面油

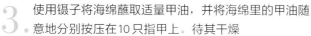

3. 使用镊子将海绵蘸取适量甲油，并将海绵里的甲油随意地分别按压在10只指甲上。待其干燥

4. 再用另一海绵薄片蘸取另一种颜色的甲油，再次将其按压在10只指甲上面。接着，用不同的海绵薄片分别蘸取剩下的甲油，重复以上操作。但是，必须等一种颜色的甲油干燥之后，再将另一种颜色的甲油按压在上面。最后，待甲油干燥后，涂抹封层面油

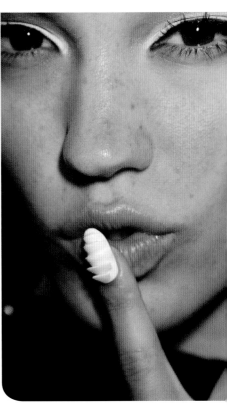

上图　CND公司美甲师为The Blonds时装发布秀设计的一款带有立体凸纹的白色甲片特写

左图　The Blonds春夏时装发布秀上一款采用水晶饰物点缀的闪亮渐变甲妆

下图　CND公司美甲师为The Blonds时装发布秀设计的一款以亮黄色甲油打底，并以绿色金属饰物点缀的前卫甲妆

上图 以裙摆色彩与裙摆图案为灵感的一款甲妆，由 Fleury Rose 制作

造型展示

左图 一款指甲背部为红色的尖形裸色甲妆，其灵感来自于著名法国高跟鞋品牌 Christian Louboutin 的红底鞋形象，由 Fleury Rose 制作

右图 Stella Jean 时装发布秀上的模特展示的玫红色甲妆，与秀场模特服饰上大胆鲜艳的色彩相互映衬，由 Antonio Sacripante 制作

指尖上的摩登时尚

　　美甲艺术在各大秀场上的亮相，源于设计师们愈加认识到甲妆对于烘托整体装束和表现个性时尚发挥着不可或缺的作用。当下，国际范围内许许多多的大牌设计师与时尚先锋都开始与各大美甲品牌合作，期望设计出能够搭配每一季服装风格的甲妆款式。

　　美甲品牌（Revlon）特别与英国新兴高级时装品牌Marchesa合作，并以其晚装为灵感，推出了一系列精美的美甲贴；而Burberry、D&G、Tom Ford也采用了与其每一季时装风格相搭配的绝美甲油。时装品牌Giles Deacon和Meadham Kirchoff曾与欧美人气美甲品牌Nail Rock联手；而Henry Holland则与英国领先美甲品牌Elegant Touch建立过合作。

下图　由Henry Holland为英国领先的美甲品牌Elegant Touch设计的带有眼镜、计算器等图案装点的"极客"风格甲片

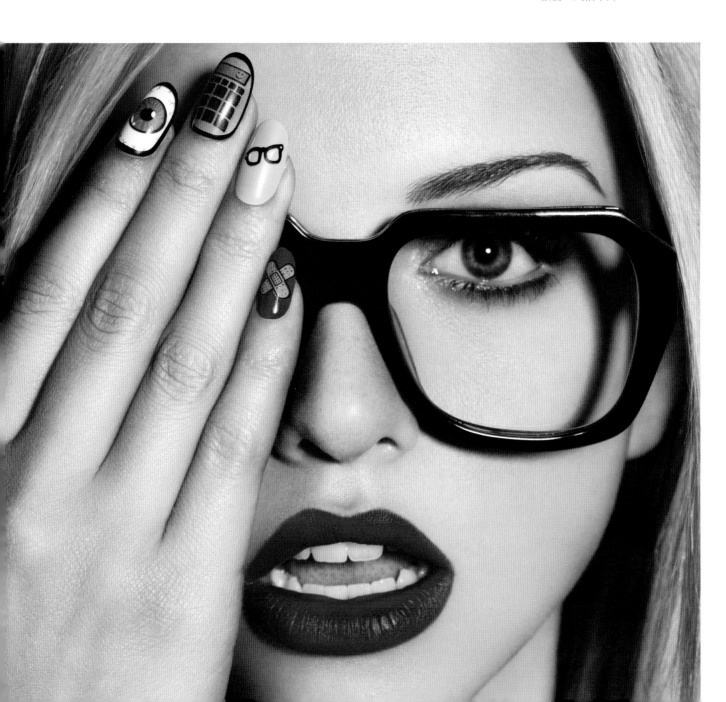

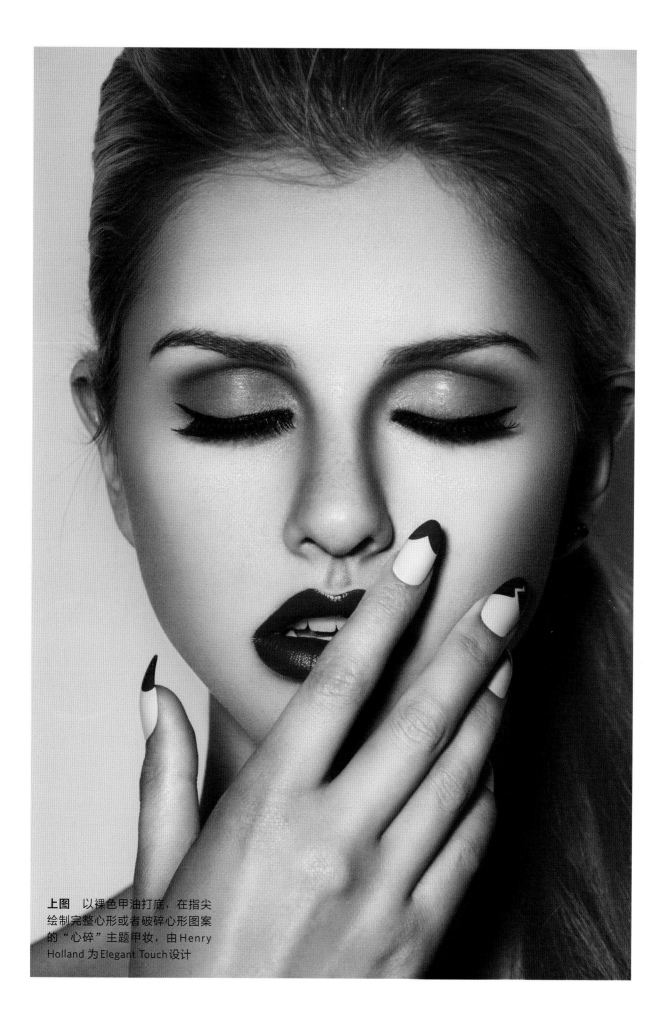

上图　以裸色甲油打底，在指尖绘制完整心形或者破碎心形图案的"心碎"主题甲妆，由 Henry Holland 为 Elegant Touch 设计

美甲师简介

Henry Holland

　　擅长把玩文字游戏的Henry Holland毕业于新闻学专业。2006年，他凭借以the House of Holland为品牌标签而发布的"时尚追星族"（Fashion Groupies）系列个性标语T恤衫，成功踏入时尚圈。这些风靡一时的标语T恤，以著名的时装设计师开涮，成功掀起了时尚圈的关注热潮，让the House of Holland成为炙手可热的潮牌。在2008年，the House of Holland趁势进入伦敦时装周办秀，推出了更加成熟的时装系列。

　　Henry从"伦敦女孩"心中的审美角度出发，进行独到且个性的时装设计，并从其对英国整个首都各种态度、文化和思维方式的认识中，获取源源不断的灵感。Henry认为the House of Holland女孩应该是"酷炫，大胆自信，从不被品牌定义，反而利用品牌表达自己"。

　　被众多时尚明星追捧的the House of Holland，现在已经不满足于标语服饰，而把兴趣延伸到了包括丝袜和眼镜在内的饰物上。2013年9月，the House of Holland跨界和英国领先美甲品牌Elegant Touch合作，以the House of Holland在伦敦时装周的发布秀为灵感，推出了九组充满色彩冲击的人造甲片。

　　Henry Holland 认为："模特的甲妆并非无关紧要，而是the House of Holland时装发布秀上的点睛之笔。包括甲妆在内的诸多精致细节对于烘托整体形象气质至关重要。针对the House of Holland时装发布秀每一季的主题，我们会创造出一个符合其服装设计理念的女性形象，而精巧的细节搭配则有助于我们更好地塑造这一整体形象。就这种意义而言，模特的发型、甲妆、配饰是与其服饰同等重要的。美甲艺术自身通过对色彩和新潮元素的把玩，成为引领潮流风尚的一大个性方式。"

右图 the House of Holland 与 Elegant Touch 合作推出的极富表现力的一款个性甲片

佳作示范：Sam Biddle 个性虎纹甲妆示范

Sam Biddle 在此展示如何打造虎纹个性甲妆，来搭配带有动物花纹的服饰装扮。

需要准备

1. 底油

2. 橘色珠光甲油

3. 奶油色、金色和黑色的水性亚克力涂料或者手工涂料

4. 细笔刷

5. 亚光封层面油

1. 在各个指甲上涂抹底油，然后涂抹两层薄薄的橘色珠光甲油，等待其干燥

2. 采用干燥的笔刷（例如废旧的化妆刷），蘸取奶油色的水性亚克力涂料或者手工涂料，将其刷在甲片中央

重要贴士

为打造更加时髦、个性的甲妆款式，可在无名指指甲上涂绘出虎皮纹，而采用橘色、黑色、金黄色和奶油色甲油在其他指甲上随意绘制出不同的图案进行搭配

4. 采用极细的笔刷蘸取黑色的甲油或者涂料，绘出虎皮纹，使斑纹由粗逐渐变细。在各个指甲上重复以上操作，等待甲油干燥

3. 用笔刷蘸取金色的水性涂料，将其轻轻地刷在奶油色涂料的上层，使橘色、金色和奶油色三种颜色都可见

5. 在各个指甲上涂抹带亚光效果的封层面油，使甲妆效果更加柔和真实

第5章
配饰与美甲

时尚张扬的项链、充满深意的戒指或者装饰手袋，能在无形之中影响着美甲款式的选择。这些珠宝配饰以及与之相搭配的甲妆，往往对于协调整体装束、点亮整体形象发挥着不可或缺的作用。在很大程度上，甲妆也往往被视作一项经典配饰——一个既可以烘托整体形象、诠释个性又节省成本的独特装扮艺术。甲妆的魅力在于它很容易被演绎成各式各样的风格、款式，与不断变换的潮流时装与配饰具有很强的搭配性。

配饰的穿搭往往反映了一个人对于时尚的态度及其日常生活中的个性风格。配饰的种类千变万化：从琳琅的珠宝到个性的手袋，从飘逸的丝巾到精致的发饰或者腰带，这些都能够为甲妆设计提供无限的启发。在美甲时，我们只要从中选取一个方面，运用不同颜色的甲油，或者不同风格平面贴花或者立体雕花，便能够将配饰中的时尚潮感，灵动地展现在指尖。

实际上，根据个人的能力，我们能从不同的配饰中汲取灵感，设计出难度系数各异的甲妆款式。对于艺术水平有限的人们，可以只将配饰中的某一经典元素（例如色彩搭配风格）用于甲妆设计中。但倘若时间或者能力允许，我们则可巧妙地将配饰中更加纷繁、复杂的图案纹理运用于美甲中，使甲妆更精致、完美。

左图 以蓝色和黑色甲油打造的，由花朵与蝴蝶图案点缀甲尖的一款甲妆。这款甲妆与手指上的戒指相互辉映，由Eva Darabos设计并制作

上图 以手绘花朵
图案点缀无名指，
以白色甲油绘制其
余甲尖的一款方形
法式甲

右图 以手绘花朵
图案点缀的方形甲
妆。指甲与戒指的
图案相互映衬，展
现出独特女性魅力

美甲师简介

Eva Darabos，匈牙利

Eva Darabos 自2002年踏入美甲界以来，便凭借其高超大胆的美甲技艺，在号称美甲界的奥林匹克Nailympia上揽获12项金奖。

原本就读于经济学专业的、非科班出身的 Eva Darabos 一度获得三次欧洲美甲大赛冠军，并先后12次成为匈牙利的美甲大赛冠军。她曾游历世界各地，与美甲师同仁们分享美甲心得，同时，她在布达佩斯也创办了自己的美甲沙龙，并且成立了 Eva Darabos 美甲培训机构，为美甲师新秀们提供培训与指导。

下图 以蓝绿色和白色为主色调，以立体雕花进行点缀的一款独特甲妆，与手中饰物两相辉映

巧用配饰的艺术元素

生活中的糖果纸、扑克牌以及主题活动上的琳琅饰物，都可以是美甲的灵感来源。甚至有时候，我们能够将某些物品直接用于甲妆设计中。比如，我们可将各式平面包装纸进行裁剪之后，用美甲胶水将其粘贴固定在甲片上，这样便大大减少手绘花纹的难度，并节省了制作甲妆的时间。

借用饰物中的艺术元素来进行美甲，往往能够起到烘托、点缀的作用。例如，在美甲时，将精致的小珠饰撒在涂有面油的甲片上，待面油干燥之后，则能够打造出与珠宝饰物相搭配的闪耀立体效果。或者，我们可选择使用具有特殊效果的甲油，来打造以羽毛或者牛仔布等装点的个性甲妆，从而使其与手袋或者服饰上的细节相互辉映。

上图 与宴用手提包相互辉映的优雅尖长形甲片，由 Michelle Sproat 制作

下图 以扑克牌为灵感来源制作的，并以立体雕花装点的一款个性甲妆，由 Megumi Mizuno 制作

右页上图（左） 以黑色亚光甲油打底，并配以金属钉饰点缀的一款甲妆，由 Sophie Harris-Greenslade 制作

右页上图（右） 以金色薄片与各式珠饰点缀的一款具有立体效果的甲妆，其灵感来自于法贝热（Fabergé）复活蛋，由 Sophie Harris-Greenslade 制作

右页下图 以手绘图案装点的甲片，其灵感来自于各类甜食包装纸，由 Sam Biddle 制作

佳作示范：Eva Darabos 的配饰搭配甲妆示范

Eva Darabos 在此展示了如何制作精致时髦的甲妆来搭配珠宝饰物。

需要准备

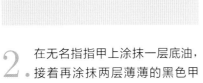

1. 底油
2. 具有金属光泽的银色珠光甲油
3. 黑色甲油
4. 细笔刷
5. 水晶或者亮钻
6. 封层面油

1. 先在除无名指之外的各个指甲上涂抹一层底油，接着再涂抹两层薄薄的具有金属光泽的银色珠光甲油

2. 在无名指指甲上涂抹一层底油，接着再涂抹两层薄薄的黑色甲油。等待甲油干燥

3. 使用尖头细笔刷蘸取黑色甲油，在各个涂有银色甲油的指甲上手绘出花朵图案。注意使8个指甲上花朵的位置、大小与数量稍有差异，以使甲妆更加真实、灵动、有生气

4. 在涂有黑色甲油的无名指指甲上重复第3步，但此时采用细笔刷蘸取银色甲油进行绘制

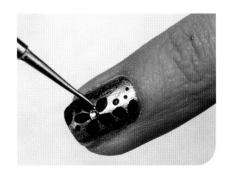

5. 在每个指甲上的花朵周围添加一些错落有致的小圆点。在部分花朵的中央点上少许封层面油，再添加一颗水晶或者亮钻进行点缀，等待面油干燥使其固定

6. 在所有指甲上涂上一层薄薄的封层面油，等待其干燥

重要贴士

1. 采用银色、黑色、白色、红色、蓝色或者玫瑰色甲油，可打造出经典且永恒的视觉效果。

2. 水性亚克力涂料干得较慢，便于有充足的时间加工甲妆，因此，可用其代替指甲油。

3. 可尝试使用不同质地的（例如亚光、漆光、珠光）封层面油，来打造更为耀眼、醒目的甲妆。

造型展示

左图 以内嵌金属薄片和手绘银色花纹点缀的一款时尚甲妆，其色彩纹路与手中戒指相互辉映，由Catherine Wong设计并制作

左图 以手中珠链的色泽纹路为灵感打造的一款甲妆，由Eva Darabos制作

右页上图（左） 以花朵图案点缀的闪亮甲妆，其灵感来自于手中的装饰戒，由Fleury Rose制作

右页上图（右） 以水晶饰物点缀指甲边缘的闪亮椭圆形指甲，带有墨绿的宝石色泽，与手中饰物相得益彰，由Sophie Harris-Greenslade制作

右页下图（左） 以金箔纸装点的精致黑色短指甲，与金色戒指相互辉映，由Sophie Harris-Greenslade制作

右页下图（右） 以手中饰物为灵感而打造的一款色彩鲜艳的闪亮甲妆，由Sam Biddle制作

左图 以蓝色甲油描画甲尖，并以白色小圆点点缀微笑线的一款延长甲片，由Eva Darabos制作

左图 将气球和蝴蝶结等饰物镶嵌于专业美甲产品中进行装点的尖长形亮色甲妆，冲破暗色枷锁，打造出假日里不腻的甜美感，由 Gemma Lambert 制作

第6章
特殊场合巧搭配

为出席特殊的社交场合，我们对甲妆的款式选择总有无限种可能。而合适的甲妆搭配能极大地提高个人的魅力，也能使自己快速融入活动气氛当中。在活动到来之前，确保自己有足够的时间选择一款合适、得体的甲妆是十分必要的。如果是要出席一次性的或者短期的社交活动，例如生日派对或者情人节约会，那么，采用容易拆卸的甲油，则足以打造出靓丽惹眼的甲妆；但如果为了打造持续性强的装扮，例如，用以衬托圣诞季各项主题活动的装束，我们则需通过光疗等专业美甲法进行加固，从而使甲妆保持长达三周的持久靓丽。

对于不同的社交场合，根据个人的偏好，美甲师可以设计出或简单大方、或精巧复杂的不同甲妆。既可以采用与节日活动相关的经典色彩搭配，来呼应主题；也可以将指甲修成不同寻常的个性形状，或采用贴纸、立体雕花等饰物，来打造拒绝平庸的耀眼甲妆。在设计适用于特殊节日的主题甲妆时，并无特殊的规则可言，只需从相关的饰物或者色调当中探寻灵感，将其巧妙地调整并运用即可。

美甲师简介

Gemma Lambert，英国

　　作为欧洲顶尖美甲师的 Gemma Lambert 曾先后12次获得英国美甲大赛冠军，并以其在专业美甲巡回赛上的优秀表现而闻名。她在1997年踏入美甲行业之后，凭借丰富的创造活力与创意无限的款式设计，吸引了世界范围内的众多美甲师们的目光。

　　Gemma 认为自己的美甲设计风格是"鲜艳多彩的、充满个性的"。她的作品被刊登于众多的美甲时尚杂志上。Gemma 致力于提升行业标准的同时，还不断帮助美甲师同仁们提升艺术创造力。另外，她也常常受邀担任世界范围内各项美甲大赛的评委。

　　在2013年，Gemma 曾获得英国年度"专业美甲师"的荣誉，并获得英国美甲行业内"Scratch之星"颁奖计划中的"年度复合媒材艺术家"与"年度美甲设计师"的称号。

左图 采用柔和色调甲油打造的，以玫瑰花纹点缀的一款富有春意的复活节主题甲妆

下图 以手绘黑色蕾丝花纹与玫瑰图案点缀的充满浪漫气息的甲妆

上图 以"白雪公主"为灵感的，采用浅色甲油打造的闪亮甲妆

左图 采用立体雕饰点缀的具有浓郁节庆气息的尖长形甲片

下图 以"红心皇后"为灵感的，采用手绘蕾丝花纹和玫瑰图案点缀的尖长形指甲

新娘美甲

　　婚礼当天，对于任何人而言都可说是人生中最重要的一天。彼时，所有的相机镜头与目光都将集中在新娘与新郎身上。当两人伸手交换婚戒时，手指与指甲无疑成为了人们关注的焦点。指甲的装扮往往能够展现个人风格与个性态度。因此，婚礼当天，新郎的指甲必须修剪得干净、齐整；而对新娘而言，则可以选择不同风格的甲妆来提升魅力值。

　　以纯白色甲油点缀甲尖的法式甲，能够展现甲床健康的粉红色泽，同时在视觉效果上延长指尖。另外，此类法式甲素雅大方的外观，又不易分散观看者对于新娘礼服的关注。因此，传统意义上，经典法式甲是新娘美甲的人气之选。然而，婚礼现场精彩纷呈，从新郎新娘的礼服到婚桌的布置，充满着缤纷的色彩，并以琳琅饰物以及纷繁花纹相点缀，都为新娘甲妆提供了无限的灵感，使其与婚礼现场的总体风格相得益彰。

左图（上） 在中指上雕绘立体玫瑰，并以手绘的白色玫瑰图案点缀各个指甲的闪亮尖长形甲妆，由Catherine Wong制作

左图（下） 以"V"形线条替代传统微笑线的法式甲妆，纯白中透着一抹淡蓝，由Sam Biddle制作

下图 以立体雕花点缀的夸张惹眼的新娘甲妆，其灵感来源于新娘捧花，由Sam Biddle制作

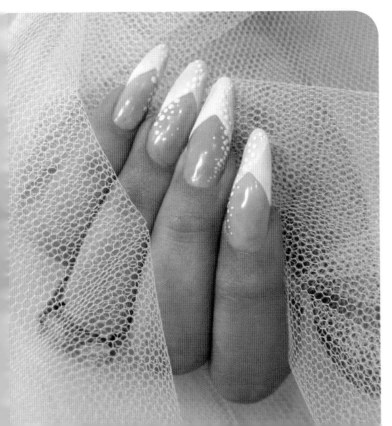

许多美甲师会选择采用立体雕花来修饰新娘指甲，或者将印有婚礼主题图案的饰品内嵌在甲片上，以此来为指尖增添一抹亮色。甲妆的复杂绚丽程度取决于新娘个人的喜好以及美甲师的工艺水平。另外，根据实际情况，美甲师既可以在婚礼前的一两天便提前美甲，也可在结婚当天直接采用甲油在自然甲片上绘制甲妆。此外，美甲师通常会采用经典法式甲或者适合蜜月旅行的甲油来修饰新娘的脚趾甲。

右图 以白色花纹与水晶饰物点缀而成的极富女性气息的一款甲妆，由 Gemma Lambert 制作

右图 以柔和的粉色甲油手绘花纹点缀甲尖的一款延长甲片，由 Eva Darabos 制作

左图 精致闪亮的粉色新娘甲妆，与新娘捧花交相辉映，由 Samantha Grant 制作

百变甲形

　　修长的指甲能使人流露出优雅迷人的女性气息；而尖形指甲相对夸张，在日常生活中往往不太具实用性，但是尖形指甲能使手指看起来更加纤长。同时，美甲师可以采用专业美甲产品以及采用贴花等饰物装点尖形指甲，使其更加前卫、时尚，更具独特的艺术感。

　　较短的椭圆形或方形指甲在生活中更加方便实用。椭圆形和方形指甲中，有弧度的指尖能有助于我们从各个角度欣赏或者拍摄出靓丽的甲妆设计。

左图（上） 以手绘花纹点缀的闪亮方形延长甲片，由Eva Darabos制作

左图（下） 以蓝绿色甲油和闪亮饰物打造的尖形延长甲片，耀眼迷人，由Eva Darabos制作

下图 以白色甲油打底，并以闪亮的红色条纹点缀而成的短指甲，令人不禁想起具有浓郁节日气息的红白相间的拐杖糖。这款甲妆由Sam Biddle制作

美甲师简介

Megumi Mizuno，日本

在成为一名获得众多国际奖项的美甲大师之前，Megumi Mizuno便在许许多多的创造性领域施展了自己的艺术才能，并且从中收获了许多的创意与灵感。在年幼时，Megumi便十分喜爱素描和水彩绘画。不久后，其身为专业水彩画家的祖母，发现了Megumi在绘画方面的超高禀赋，因此，便专门聘请了家庭教师，为其培养这方面的才能。在大学时期，Megumi攻读的是环境设计专业，其课程包括工业建筑设计和景观设计。之后，通过学习，Megumi能够熟练运用Auto CAD（用于二维绘图和基本三维设计自动计算机辅助设计软件）和PS图像处理软件，并掌握了网页设计等方面的技能。在学习和更换各类工作期间，出于个人的喜爱，Megumi开始探寻美甲艺术的奥妙。为此，她在位于英国罗姆福德的雷德布里奇学院获得了VTCT二级和三级证书，为其在美甲行业的职业发展奠定了良好的根基。

上图 以金属铬与心形饰物装点食指，以浅色饰物点缀无名指的改良版法式甲

左图 以绯红色甲油修饰指尖，并以蛇纹印花修饰而成的一款反法式半月甲，个性、大胆且另类

右图 以随意的手绘图案点缀而成的甲妆，大胆、鲜艳且生动有趣

奖项

入围奖："Scratch之星"颁奖计划之2013及2014年度复合媒材艺术家

入围奖："Scratch之星"颁奖计划之2012年度优秀美甲艺术家

入围奖："Scratch之星"颁奖计划之2012及2014年度光疗树脂甲制作大师

二等奖：伦敦Nailympia2012年复合媒材运用大师

一等奖：美甲展示艺术，2011曼彻斯特专业美容博览会

二等奖：美甲展示艺术，2011伦敦国际美甲大赛

一等奖：2010美甲艺术团队摄影大赛

一等奖：高科技盒装艺术

造型展示

左图（上） 以黑色与橘色为主色调，并由手绘图案点缀而成的万圣节主题甲妆，由Sam Biddle制作

右图（上） 以红色甲油打底，并以白色手绘图案点缀的圣诞主题甲妆，由Sam Biddle制作

右图（下） 以红色甲油打底，并由粉色手绘爱心图案点缀的一款圆形甲妆，由Sophie Harris-Greenslade制作

左图（下） 以手绘的米字旗图案点缀无名指，并以绯红色甲油涂抹其余指甲的一款英伦主题甲妆，由Sam Biddle制作

左图 金色闪亮甲妆，具有适用于各式场合的百搭性，由Sam Biddle制作

下图（右） 以迪厅灯光效果为灵感的一款甲妆，由Sophie Harris-Greenslade制作

下图（左） 以具有节日气息的红、蓝、白三色甲油手绘图案进行点缀的一款甲妆，其灵感来源于圣诞节主题织物图案，由Sophie Harris-Greenslade制作

佳作示范：Sam Biddle 绒面红心甲妆示范

为了迎合情人节的节日主题，Sam Biddle 在无名指指甲上创作出具有绒面效果的红心图案，使甲妆更富质感。

需要准备

1. 底油
2. 透明甲油或淡粉色甲油
3. 细笔刷
4. 红、白、黑三种颜色的甲油
5. 抛光块
6. 封层面油
7. 铅笔
8. 红色天鹅绒粉末
9. 扇形刷

1. 在各个指甲上涂抹一层底油，再接着在除了无名指之外的各指甲上涂抹一层透明的或者淡粉色甲油

2. 采用细笔刷蘸取白色甲油，在除了无名指指甲之外的其余指甲上绘制经典的法式甲。在无名指指甲上涂抹两层白色甲油，接着在所有指甲上涂抹一层封层面油。待无名指指甲上的甲油干燥之后，用抛光块轻轻地磨去表面光泽，以使其呈现亚光效果

3. 采用铅笔在涂有白色甲油的无名指指甲上绘制心形图案。如有绘错之处，用橡皮擦去即可

4. 采用细笔刷蘸取红色甲油，填满心形区域

5. 采用黑色水性颜料或者黑色甲油勾勒心形轮廓，使其图案更加分明

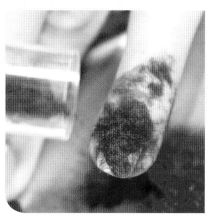

6. 待所有指甲上的甲油充分干燥之后，再在指甲上涂抹一层干净透明的封层面油

7. 待无名指指甲上的甲油干燥之后，使用笔刷再在心形区域涂抹一层封层面油。待封层面油还未干燥时，在心形区域撒上红色的天鹅绒粉末

8. 等待30秒，使其干燥。再使用小笔刷将多余的天鹅绒粉末拭去

佳作示范：Gemma Lambert 生日气球甲妆示范

Gemma Lambert 在此展示了如何制作以彩色气球图案点缀的趣味甲妆，来烘托生日派对的热闹气氛。

需要准备

1. 底油

2. 白色甲油

3. 根据自身喜好选择的六种颜色的亮色甲油

4. 黑色甲油或者拉线笔

5. 细笔刷或者波点棒

6. 封层面油

1. 将指甲修成尖形，在各个指甲面上涂抹一层底油。接着，再在各个指甲上涂抹两层薄薄的不透明的白色甲油

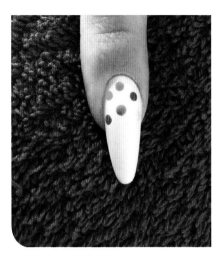

2. 采用波点棒依次蘸取各个亮色甲油，并在指甲底部依次点画亮色圆点。注意使各个圆点之间保持一定的距离

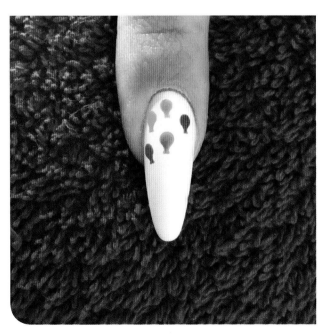

3. 使用细笔刷或者波点棒较细的一头，依次蘸取相应颜色的甲油，在各个圆点朝向甲尖的一侧绘出气球底部造型

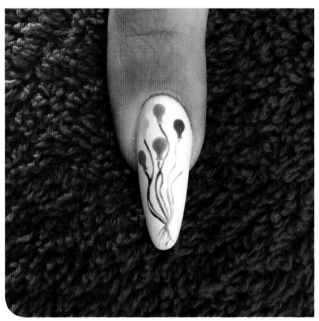

4. 使用细笔刷蘸取黑色甲油，或者直接采用黑色拉线笔，绘出绑气球的丝带，使其保持自然的旋转弧度，并使各条丝带延伸且交会于指甲尖端

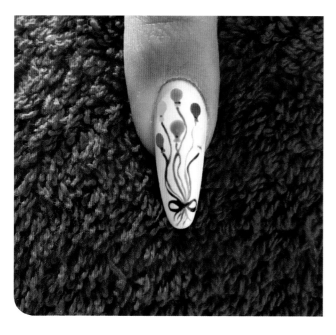

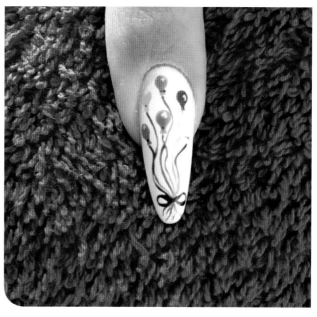

特殊场合巧配搭

在丝带交会处添画一个蝴蝶结，并在每个彩色气球的底部添加一抹黑色甲油，以绘制出气球底部被扎紧的效果

6. 采用细笔刷蘸取白色甲油，在气球右上部添加一抹白色，使其呈现反光效果。待甲油干燥之后，在各个指甲上涂抹一层薄薄的封层面油

更多生日派对甲妆

为打造简约方便但又不失耀眼的生日派对甲妆，可尝试在部分指甲上以黑色甲油打底，并添加俏皮性感的霓虹亮色波点。另外，在其余指甲上涂抹浅色的珠光甲油加以衬托

为打造鲜艳亮丽又不失活泼的波点甲妆，可采用任何自己喜欢的颜色打底，再添加俏皮的波点

第7章
怀想过去的复古风潮

　　过去的书本杂志往往展现了逝去的不同年代里那些蔚为流行的色彩与图案，故而能为美甲艺术带来丰富的灵感启迪。无论是几百年前还是几十年前的风潮，都能在当下以复古为噱头而重回时尚前沿。美甲贴花或贴纸是快速打造靓丽甲妆的人气之选，但在时间充足的情况下，美甲师通过专业的美甲方法，采用立体雕花或者手绘图案等方式，则能够打造出更为精巧复杂，更为持久靓丽的甲妆。

左图 以浅色亮片甲油装点甲尖的一款法式甲

右图 以白色甲油打造的经典法式甲

下图 采用不同大小的亮片打造的，蘸满蜜糖般的闪亮甲妆

美甲师简介

Sam Biddle，英国

在国际美甲大赛中多次获奖并担任评委的 Sam Biddle，以其独具新意的设计理念与令人耳目一新的颜色搭配技巧，而驰名海内外。自 Sam 在 2000 年涉足美甲行业以来，她为欧洲与美国众多杂志的封面模特设计、制作过甲妆，并开办了属于自己的美甲沙龙与培训机构。同时，她也开创了生产与销售众多美甲工具与美甲产品的 Be Inspired 公司。

作为一名享誉全球的独立培训师，Sam 致力于向广大美甲爱好者传授最先进的新兴美甲技艺，并与世界范围内的各大经销商与生产商合作，在发展美甲品牌的同时，提供各式专业美甲培训。Sam 常常为各大消费类杂志设计甲妆，并且，她始终相信，只要善于从身边找寻灵感并发挥自己的创造力，每个人都可以在美甲艺术领域脱颖而出。

右图（上） 采用海绵蘸取多色甲油打造的多彩渐变甲妆

右图（下） 采用蓝、白、黑三色甲油手绘而成的具有漫画风格的甲妆

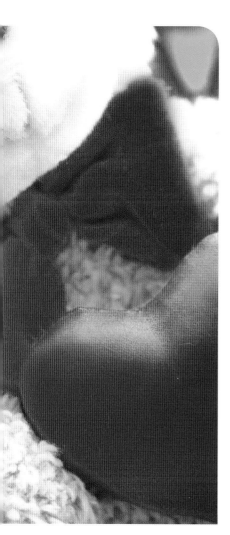

走在时髦复古最前沿

Vintage复古风，彰显的不是潮流、现代与张扬，而是对历史上某一阶段流行风潮的致敬，优雅迷人且稍带着少许的性感魅力。在20世纪20年代，传递着女性气息的经典红色与裸色甲妆蔚然成风，同时，甲妆的风格往往是简单大方的。经典的反法式半月甲（采用甲油涂抹除甲片上半月痕之外的区域，以色差对比来突出甲片上的半月痕），作为20世纪早期奉为经典的甲妆风格，又重返时尚舞台。同时，在美甲时，人们采用特别的甲油颜色来呼应服饰上的精致细节，为整体装束增添一抹亮色。

在20世纪50年代，绯红色甲油因其与口红颜色两相辉映，而开始深受人们的追捧。在这一年代，人们开始在甲妆颜色与款式方面做出更加大胆的尝试与创新，例如，将织物中的波点图案或经典电影中的元素用于美甲中，通过指尖演绎时代风尚。但同时，甲妆的颜色和图案都尽量保持简约、大方、不烦琐，从而不转移人们对于衣着服饰的关注。另外，通过将服饰上的经典图案或主要色彩用于美甲中，能够使甲妆与衣着相得益彰，令整体装束更加协调完美。值得注意的是，如果在美甲时搭配运用多种颜色，则尽量避免选择相同色调的甲油，例如，避免同时使用橘色、红色与粉色。相反，搭配使用亮色与浅色，能够获得颇具时尚感的撞色对比视觉效果。

左图（上） 以黑色甲油装点指尖，并手绘银色花纹加以点缀的一款优雅的椭圆形指甲，由Eva Darabos制作

左图（下） 加入现代时尚元素的Vintage复古甲妆——以红色甲油修饰指尖，并手绘白色波点以点缀的一款尖形延长甲片。其中，在无名指指尖配以蝴蝶结进行点缀，甜美俏皮。此款甲妆由Paulina Zdrada制作

右页上图（右） 以手绘图案与闪亮金粉装点无名指的绯红色方形指甲，由Eva Darabos制作

右页上图（左） 以多彩方形图案装饰甲尖的尖形强化甲片，由Gemma Lambert制作

佳作示范：Sam Biddle 个性波点甲妆示范

需要准备

1. 底油
2. 两种颜色的甲油
3. 用于点画波点的白色甲油
4. 波点棒或者牙签
5. 封层面油

靓丽惹眼的波点图案不仅简单易制，且是 20 世纪 50 年代炙手可热的时尚元素。Sam Biddle 在此展示了如何打造靓丽的波点甲妆。

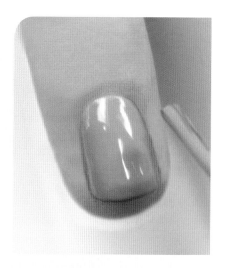

1. 先在各个指甲上涂抹一层底油，再在除无名指指甲之外的八只指甲上分别涂抹两层薄薄的已经准备好的甲油。接着，在无名指指甲上涂抹两层其他颜色的甲油

2. 采用波点棒或者小牙签，蘸取白色甲油，在无名指指甲上随意点画出白色波点

3. 等待甲油充分干燥之后，在各个指甲上涂抹面油。注意对指甲前缘进行封层，以避免其过早剥裂

设计中的时代感

历史上某特定时间段的潮流风尚往往承载着独特的历史情怀，能够为甲妆的颜色搭配与款式设计带来无限灵感。逝去年代里无论是崇尚经典、典雅或者活泼鲜亮的审美追求，都可在无形之中对甲片形状、指甲长度及甲油颜色的选择产生影响。选择适当的甲妆款式，可以彰显自己对某些历史风潮的热衷或者对历史典故的追寻；而从书本或者网络中寻找能代表某个时期的特定元素，并将其用于美甲中，往往能使甲妆拥有不可复制的历史审美价值，帮助我们寻找心目中那个最美好年代。

左图 以少许黑色蕾丝点缀甲尖的椭圆形延长甲片，其灵感来自于著名女星奥黛丽·赫本，由 Gemma Lambert 制作

下图 以粉、黑、白三色为主色调的尖形延长甲片，其灵感来自于浮雕，由 Michelle Sproat 制作

右图 以粉色与紫色甲油手绘20世纪60年代风格图案装点而成的一款甲妆，由 Sophie Harris-Greenslade 制作

下图 以具有古埃及风情的手绘图案装点而成的椭圆形指甲，由 Fleury Rose 制作

情迷黑白

黑白两色的组合总是时尚界永不过时的经典。在美甲时，巧妙运用黑白基调，打造各式图案，既能够使甲妆靓丽迷人，也能够使其与大多数的衣着服饰相搭配。20世纪60年代早期到中期最为盛行的Mod文化，带来了黑白色服饰的流行。同时，受Mod文化影响的人们，推崇涂抹浓重的眼线，使用假睫毛，以及采用浅色或者白色的唇彩。当下，以Mod文化为灵感，采用黑白两色打造的甲妆，既便于制作，且时髦别致，是甲妆中必不可少的款式。

左图 以黑白两色甲油绘制无规则图案加以装点的醒目甲妆，由Sophie Harris-Greenslade制作

下图 以黑白两色甲油绘制部落风情图案装点而成的一款甲妆，由Sophie Harris-Greenslade制作

右页上图（左） 以黑、白、灰三色甲油绘制的具有万花筒效果的一款甲妆，由Sophie Harris-Greenslade制作

右页上图（右） 以手绘的精美黑白色图案装点而成的方形甲妆，由Sophie Harris-Greenslade制作

右页下图 以各式黑白图案装点，并透着一抹淡淡薄荷绿的椭圆形甲妆，由Ami Vega制作

左图 以黑、白两色甲油绘制的，既有"光晕"美甲效果又有半月甲特色的一款椭圆形甲妆，由Sophie Harris-Greenslade制作

第8章
玩转想象力

充分发挥天马行空的想象力，是创作独出心裁的甲妆款式的一大利器。杰出的美甲师往往基于各式故事与童话，将其中用于塑造人物个性形象的色彩与图案，通过专业美甲产品，使其成为指尖摇曳生姿的花样。

每款充满想象力的图案设计都传达了美甲者本人对于一个故事、电影、事件、角色甚至是梦境的解读。人们心中所构想的或彩色、或黑白的画面往往是很偶然的，而我们通过美甲产品，则能够将心中的影像赋予指尖，使其幻化成形象生动的模样。富有创意的美甲师能够将其心中的想法，通过巧妙的色彩搭配技巧与纯熟的美甲技艺，总能使指尖传递的繁复华丽成为令人瞩目的焦点，从而展现自己别出心裁的设计灵感。

左图 采用链条装饰而成的具有立体效果的白色甲妆，极富女性魅力

美甲师简介

Viv Simmonds，澳大利亚

　　Viv Simmonds 在美甲领域拥有20年的从业经验。这些年来，Viv 曾先后获得50多次美甲竞赛大奖，并连续五年蝉联澳大利亚冠军美甲师头衔。凭借这些傲人的成绩，她在世界范围内受到广泛的认可。

　　Viv 曾多次参评国际美甲大赛，为众多一线美甲杂志设计过封面造型。同时，在电视节目与消费类杂志中，我们也常常可以看见她的身影。Viv 曾位列2010年及2011年澳大利亚女性名人录（Who's Who of Australian Women）中。同时，她在澳大利亚也拥有属于自己的美甲团队。她所指导的队员，先后发展成为获得多项大奖的优秀美甲师。而作为众多获奖美甲师的导师，Viv 统筹了全球年度美甲设计奖的颁发，同时，她常常到访世界各地，开办传授高级甲妆设计技艺的培训活动。

上图　以立体的中国龙与花朵雕绘图案装点而成的精美复杂的尖形延长甲片

右页上图　以白色手绘花纹与各式闪亮贴花、珠饰点缀而成的具有独特形状的新娘风格甲妆

上图 以手绘的彩色森林主题图案装点而成的一款甲妆

左图 以桃粉色打底，并以黑色立体雕花和亮钻点缀而成的哥特式尖形延长甲片，透露着妩媚迷人的女性气质

造型展示

上图 以鲜艳的花朵图案与羽毛装点而成的尖形延长甲片，由 Catherine Wong 制作

左图 以内嵌的具有神秘气息的图案以及闪耀的水晶点缀而成的延长甲片，由 Catherine Wong 制作

右图　以立体雕花与绿色猫眼石点缀而成的具有颓败气息的尖形延长甲片，由Catherine Wong制作

下图　以红色、紫色、橘色三色甲油在甲尖打造的具有流动效果的尖形延长甲片，由Sam Biddle制作

佳作示范：Sophie Harris-Greenslade 万花筒炫目甲妆示范

需要准备

1. 底油

2. 白色甲油

3. 淡粉色、霓虹亮粉、闪银色、蓝色、绿色、黄色与橘色美甲专用笔（当然，你可以根据自身偏好选择使用细笔刷蘸取相应颜色的甲油）

4. 封层面油

Sophie Harris-Greenslade 在此展示如何采用缤纷色彩打造趣味十足且炫目惹眼的个性甲妆。

1. 在各个指甲上涂抹一层底油，再涂抹两层薄薄的白色甲油

2. 采用闪银色美甲专用笔（或者使用细笔刷蘸取闪银色甲油），从甲片中间开始不断向外圈旋转式地画圆圈，直至填满整个甲片。在每个指甲的甲片边缘填画闪银色线条勾勒甲片轮廓

3. 采用霓虹粉色美甲笔，从指甲中央的漩涡起点处画出一个小小的新月形图案

4. 再采用绿色美甲笔画出另一个新月形图案。使两个新月形图案之间保持一定的白色间隙。同时，每个新月形图案的旋转角度须与闪银色线条的弧度一致

5. 接着画出蓝色新月形图案，使其与绿色新月图案之间保持一定的白色间隙

6. 采用橘色美甲笔画出橘色新月形图案

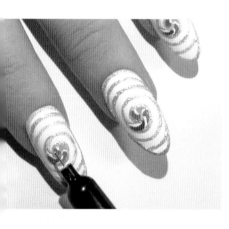

7. 采用黄色美甲笔，画出黄色新月形图案

8. 再在每个指甲上随着闪银色线条的弧度，画出淡粉色新月形图案

9. 按照闪银色涡纹的走势，重复画出以上几种颜色的新月形图案，直至其填满整只指甲。根据自身偏好，也可以选用其他颜色的甲油

10. 等甲油干燥以后，再在各个指甲上涂抹封层面油

造型展示

左图（上） 以闪金色点缀甲尖，并以缤纷多彩的亮钻修饰而成的一款夸张大胆的甲妆，由 Sophie Harris-Greenslade 为著名歌手 M.I.A.（本名 Maya Arulpragasam）制作

右图（上） 以手绘花朵图案点缀而成的尖形强化甲片，由 Gemma Lambert 制作

左图（上） 以透明色打底，并以大小不一的彩色波点点缀而成的尖形强化甲片，由 Gemma Lambert 制作

右图（下） 以多彩色块拼接而成的一款活泼有趣的延长甲片，由 Gemma Lambert 制作

上图　以缤纷几何色块与多彩的水晶石头装点而成的一款甲妆，由Sophie Harris-Greenslade制作

右图（上）　以手绘蝴蝶结图案装点拇指，并以手绘口红图案装点无名指的一款波点甲妆，活泼俏皮，由Sophie Harris-Greenslade制作

右图（下）　以金属铆钉与方形人造钻石点缀而成的玫粉色尖形延长甲片，热辣性感，由Sophie Harris-Greenslade制作

下图　在自然甲片上绘制蝴蝶结或蓝天白云图案点缀而成的一款清新甲妆，由Sophie Harris-Greenslade制作

造型出处及致谢

Front cover ©

Title page ©

Half title page ©

4L, 6, 7T © Sophie Harris-Greenslade; 4C, 7BR © Samantha Morales; 7BL © Charlotte Green; 8, 9 © Nubar UK.

第1章

10, 16–17 © Charlotte Green; 12BL © Nicola Jackson; 13 © Fleury Rose; 14 © Christina Wong; 12TL, 15TL, 15TR, 15C, 20BR, 21B © Sam Biddle; 15BL, 15BR, 20TL, 20TR, 20C, 20BL © Eva Darabos; 18–19 © Michelle Sproat; 21TR © Megumi Mizuno.

第2章

22, 28BR, 29, 30–31 © Samantha Morales; 24–25 © Astrowifey; 26TL, 26TR, 26B, 32 © Fleury Rose; 27TL, 27BL © House of Holland for Elegant Touch; 27R, 33BL © Sam Biddle; 28 © Ami Vega; 33T © Sophie Harris Greenslade; 33BR © Megumi Mizuno; 34–35 © Vu Nguyen.

第3章

38B, 39CL, 48BL, 49BL, 54BR; 55TL, 55BR © Megumi Mizuno; 39TL, 48BL, 48BR © Eva Darabos; 39TR, 49TL, 49TR, 50–51, 55TR, 55CR © Fleury Rose; 39CR, 39BL, 49BR © Sam Biddle; 39BR, 40–47 54BL © Sophie Harris-Greenslade; 52–53 © Christina Wong; 54T © Ami Vega; 55BL © Helena Tepley; 56–57 © Raquel Olivo, Hand Model – Ashley Frey, Stylist – Arturo D. Chavez.

第4章

58, 60BR, 61T, 61BR, 63T, 63BL, 66TL, 66TR, 66BL, 66C, 68–71, 74 © CND (Creative Nail Design Inc.); 60T, 61BL, 62, 63BC, 63BR, 64–65, 75BR © Andrea Benedetti; 67TL, 67TR, 67BR © Sophie Harris-Greenslade; 67BL © Astrowifey; 72–73 © Amanda Fontanarrosa; 75T, 75BL © Fleury Rose; 76–79 © House of Holland for Elegant Touch; 80–81 © Sam Biddle

第5章

82, 84–85, 88–89, 90CL, 90BL © Eva Darabos; 86T © Michelle Sproat; 86B © Megumi Mizuno; 87TL, 87TR, 91TR, 91BL © Sophie Harris-Greenslade; 87B, 91BR © Sam Biddle; 90TL © Christina Wong; 91TL © Fleury Rose.

第6章

92, 94B, 95L © Charlotte Green; 94L, 95R © Nicola Jackson; 97TR © Nicola Jackson; 104–105 © Gemma Lambert; 96TL © Christina Wong; 96BL, 96BR, 98BR, 100TL, 100TR, 100BL, 101T, 102–103 © Sam Biddle; 97BR, 98TL, 98BL © Eva Darabos; 97BL © Susan Renee Photography and Sammy Grant; 99 © Megumi Mizuno; 100BR, 101BL, 101BR © Sophie Harris-Greenslade.

第7章

106 © Raquel Olivo; 108–109, 111C, 111BL, 111BR © Sam Biddle; 110BL © Paulina Zdrada; 110TL 111TR © Eva Darabos; 111TL © Nicola Jackson; 112TL © Gary Lewis; 112BL © Michelle Sproat; 112BR © Fleury Rose; 113, 114, 115TR, 115TL © Sophie Harris-Greenslade; 115B © Samantha Morales.

读者问卷调查
倾听来自你的声音

第8章

116 © Jenny Brough; 121TR, 121B © Sam Biddle; 118–119 © Viv Simmonds; 120 120, 121TL © Christina Wong; 122–123, 124TL, 125 © Sophie Harris-Greenslade; 124TR, 124BR © Charlotte Green; 124BL © Gary Lewis.

感谢:

Brian Biggs, Monica Biggs, Alex Fox, Scott Derbyshire, Janine Derbyshire, Kayleigh Baker, Lizzie Benton, Fleury Rose, Christina Loglisci, Michelle Sproat, Sam Biddle, Gemma Lambert, Lucy Dartford PR, Eva Darabos, Megumi Mizuno, Ami Vega, Ashley Crowe, Sophie Harris-Greenslade, Vu Nguyen, Beth Fricke, Raquel Olivo, Catherine Wong, Christina Wong, Viv Simmonds, Samantha Sweet, Katie Gray, Ashleigh Hesp, Jan Arnold, Michael van der Ham, Antonio Sacripante, Sara Wang, Amanda Fontanarrosa, The Communications Store.

Join 即刻加入
中国美发美容协会
the CHBA
会员Today

Why? 为什么加入我们

团队会员

1. 享受协会各项活动优先参与权和优惠待遇。
2. 免费享有中国美发美容协会的行业咨询服务。
3. 可获得机会参与中美协考察团出境交流访问。
4. 可获得机会参与国际大师技术培训和行业相关会议。
5. 一年后可申请升级理事单位（须经秘书处提名，理事会通过）。
6. 可获得机会在中美协官网发布企业软文宣传。
7. 获赠全年《美容美发》杂志，单位优秀作品在《美容美发》杂志上优先免费发表。

个人会员

1. 享受协会各项活动优先参与权和优惠待遇。
2. 免费享有中国美发美容协会的行业咨询服务。
3. 可获得机会参与中美协考察团出境交流访问。
4. 可获得机会参与国际大师技术培训和行业相关会议。
5. 有机会在中美协官网发布个人优秀事迹软文。
6. 订阅全年《美容美发》杂志享受 8 折优惠。

更多会员尊享权利及入会详情咨询：

 中国美发美容协会 | 会员部　　陈老师
China Hairdressing & Beauty Association 　电　话：010—66030117—801

www.chba.com.cn